# 高雄 好吃好玩50選

作者◎進食的巨鼠．緹雅瑪．台南好 FOOD 遊

# Contents

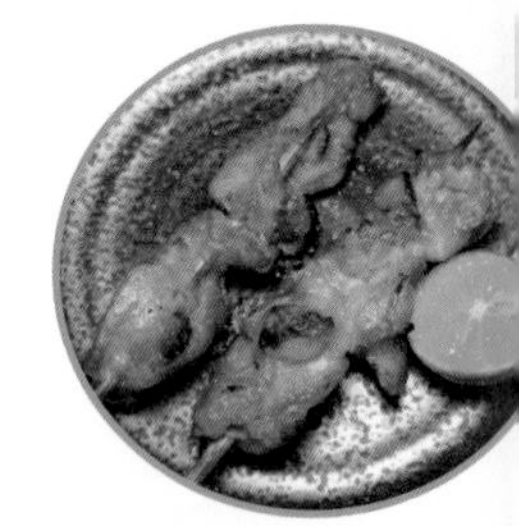

## Part 3 鹽埕區／左營區／三民區 推薦美食

## Part 4 岡山區／旗山區／鳳山區／仁武區 推薦美食

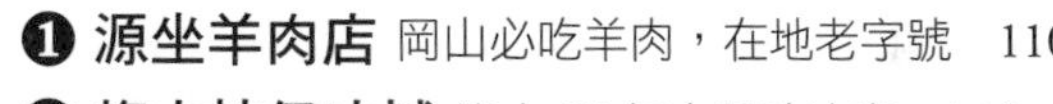

## Part 5 玩高雄好逛景點

## Part 6 高雄旅店推薦

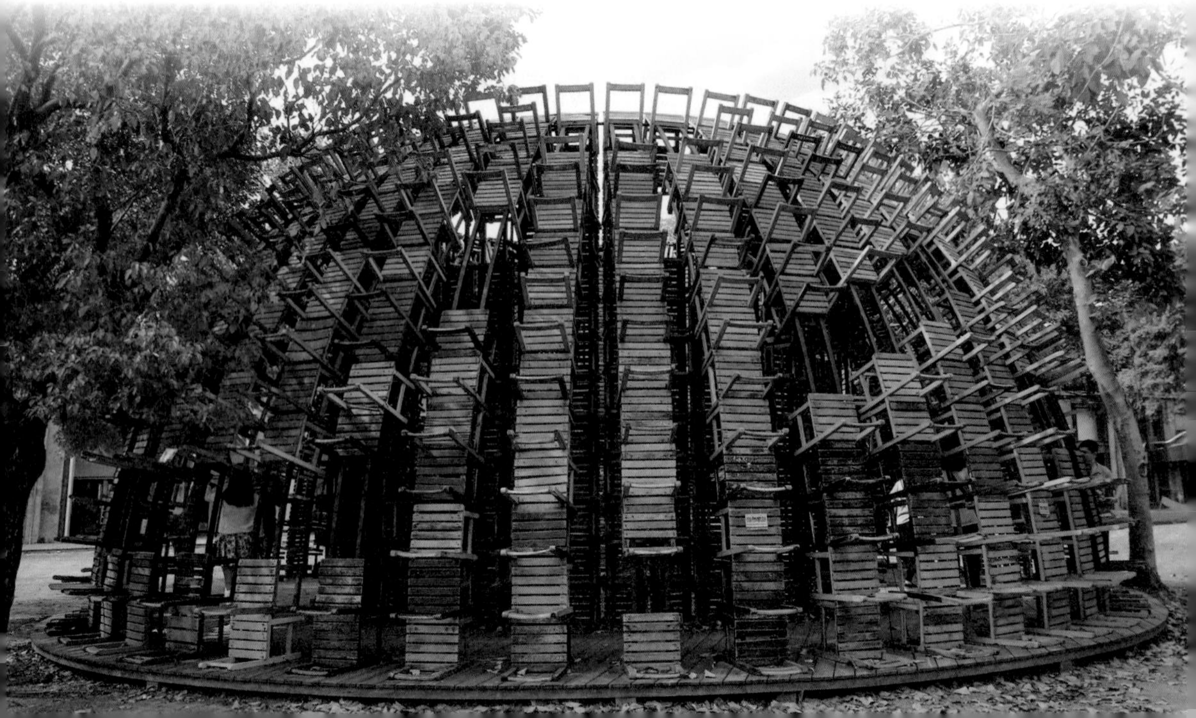

# 作者序 1

因為人的記憶有限，所以選擇用部落格的方式紀錄生活的點滴，又因為自己是個貪吃的臺南女孩，所以多分享自己的美食地圖為主；而我和其他部落客比較不同的地方，在於我非常不愛排隊，所以我也鮮少去跟風一些熱門景點和美食。反之，我熱愛老店小吃，喜愛用吃的靈魂來搏感情，去探索一間店的故事或讓我悸動的味蕾感受。

高雄，一個我待了四年的地方，也是我第一次離家獨居的城市。大學的四年間，我用步行和單車去探訪這個美麗的港都；熱河一街、吉林街，是我的後廚房，我最常覓食的地方；喜歡在英國領事館，點份豐盛的英式午茶，坐在山上欣賞海面的波光粼粼、等待大船入港；假日的柴山健行和猴群圍繞，是我和閨蜜的大學回憶；銅板價門票就能進到壽山動物園裡，各種動物的可愛模樣療癒人心。

這次，透過這個難得的機會，跟大家分享我記憶中的高雄，也期待大家透過這本書，一起旅食高雄、欣賞我心目中高雄最美好、也最讓我懷念的風貌！

**進食的巨鼠**

# 作者序 2

不經意地踏入網路寫作的新興夢幻產業，讓我體驗不同的生活方式和步調，更讓我可以輕鬆做自己，到處旅行收集與家人的美好回憶。

年輕讀書時期就在咖啡廳、西餐廳打工，曾經也是一位吧檯咖啡師，這也是我熱愛咖啡的原因。後來進入旅館飯店業，了解飯店業的甘苦，卻也因為這些工作經歷，對於現今主寫美食旅遊領域的我，極為受益。

而後，因為妹妹的關係，因緣際會進入電子科技產業，偶然機會下來到熱情的南臺灣，一直到成家定居於臺南，科技產業忙碌壓力大，曾因為經濟打拼對生活失去熱情。一直到女兒（緹緹）的出生，才開始了手忙腳亂的奇幻生活，也因為育嬰留職停薪而失去工作。

「當上帝關了一扇門，必打開另扇窗。」在規劃第一次國外自由行想留下精彩的紀錄而開啟了網路寫作生活，一剛開始只是單純的日記型寫作分享，到慢慢用心經營，而成為現在的專職部落客和全職媽媽的身分，主要分享美食旅遊，有不少國內國外合作經驗，一到假日就會帶著全家旅行趴趴走，工作兼旅遊豐富我們的生活，立志在有體力的時候玩遍世界各地，希望這本《高雄好吃好玩 50 選》，也能豐富大家的旅遊行程，一起玩遍大高雄吧！

**緹雅瑪**

## 作者序 3

我喜歡美食，喜歡攝影，更喜歡透過文字將各地美食與朋友分享。

沒想到在網路上的分享，卻得到網友熱情的迴響，更意外的是得到出書的機會，感謝巨鼠與緹雅瑪不嫌棄初出茅廬的 Lydia 才疏學淺，熱情的邀約，也感謝華成出版社促成這樁美事，使這本介紹高雄在地吃喝玩樂的書籍誕生。

雖然，Lydia 是土生土長的臺南囝仔，但年輕時曾經在岡山居住過四年，高雄也算是我的第二個家。喜歡在放假時騎著機車穿梭在眷村尋找美食，也愛搭著火車到高雄市區逛街、看電影，柴山、西子灣還有大崗山的夜景、旗津的老街美食……等，都記載著我青春的歲月，直到現在仍舊喜歡在休假時往高雄跑。

用半個高雄女兒的身分來完成這本書，我想，我們雖然不是最頂尖的團隊，但絕對是最誠懇的分享，最後希望藉由這本書的出版，帶大家一起飛向港都高雄，一起回憶我的青春歲月。

**台南好 FOOD 遊—Lydia**

# 推薦序 1

## 美景 美食 高雄處處有驚喜

高雄，擁有山海河港美景、多元的人文風貌與熱情友善的市民；充滿愛與包容的能量、散發浪漫的情調，是最佳的旅遊城市。

旅遊高雄，首先不能錯過高雄的港灣之美。您可以搭乘遊艇遊港，觀賞浩瀚的高雄港景；搭高雄輕軌暢玩「駁二藝術特區」文創聚落、欣賞哈瑪星日式建築風華；或登上山丘，在「英國領事館官邸」喝咖啡、觀夕陽；還可以搭乘渡輪到旗津，遊玩旗津海岸公園、旗後砲台、旗後燈塔等景點。

此外，愛河上輕輕搖曳的貢拉多船、壽山 LOVE 觀景台的璀璨夜景、西子灣的夢幻夕陽，可以讓戀情迅速增溫，是情侶打卡的好所在。

若想體驗高雄人文風貌，有旗山老街日式洋樓建築和美濃客家風情。若想賞遊風景名勝，左營的蓮池潭、岡山的崗山之眼、田寮的月世界地景公園、大樹的佛陀紀念館等，都是觀光熱點。

說起高雄美食，旗津的海鮮生猛平價、哈瑪星與鹽埕區街頭巷弄滿是台味傳統小吃、左營隱藏多種眷村老味道、美濃的客家菜鹹香誘人、岡山的羊肉名聲遠播，每一樣都能滿足遊客嚐鮮的味蕾。

高雄美景令人留連忘返、高雄美食讓人意猶未盡，想盡興旅遊高雄，就拿著《高雄好吃好玩 50 選》開始上路吧！

# 推薦序 2

## 悠遊高雄　遊山玩海　美食盡嚐

高雄不一樣了，像南臺灣的陽光充滿活力和朝氣。

高雄，友善又溫暖。來到這，有熱情的人為你導覽，在璀燦的燈光銀河伴隨你遊愛河。或者壽山登覽高雄夜景，港市合一萬家燈火讓人流連忘返。不只夜色迷人，想體驗不一樣的感受，月世界的地形地貌走一趟，你就像漫步月球既新奇又驚豔。旗山老街、美濃客家風情、柴山健行、旗津海岸風光、駁二特區文創市集、這都是高雄隨興所至可以逛，可以玩，可以拍，其中之一的好地方。

玩累了，逛累了，吃是補充能量的最好方法，高雄有山有海，山珍海味當然應有盡有，庶民小吃更是到處都有，興隆居的湯包、岡山羊肉、魚皮米粉、鴨肉冬粉，你會吃得暖心又暖胃，欲罷不能。

來吧！來趟高雄之旅，不僅能讓你玩得開心，逛得盡興，吃到高興，衛武營彩繪社區，高捷美麗島站的蒼穹之頂，旗津砲塔，多不勝數的景點讓你也可以成為網美和網紅！

來吧！熱情溫暖的高雄等著你，就拿著高雄美食地圖探索高雄吧！

高雄市議員 **陳玫娟**

## 推薦序3

一起前進南臺灣享受吧！我覺得旅遊美食書籍就像是一把開啟歡樂的鑰匙，把最精采的部分用最有效率的方式收集給大家，帶著它出遊總是能滿足我們的旅程，我更愛這本書以素人角度介紹各式各樣的好吃好玩景點，實用度與玩樂角度更貼近大眾，讓我也忍不住想要放下工作馬上出發了。

台灣美食人氣部落客 **大口老師的走跳學堂**

## 推薦序4

《高雄好吃好玩 50 選》是一本可以幫助我們快速了解高雄的旅遊工具書，書中有大量的美食小吃與旅遊景點介紹。

美食是很主觀的，這本書集結了三位識途老馬的美食觀點與喜好，讓我們可以用更多元的角度去尋找自己心目中的必吃必玩名單！

痞客邦金點賞年度最佳人氣力部落客 **小妞的生活旅程**

## 推薦序5

身為高雄人，從小到大吃著熟悉的美食如港口海鮮、某間麵店，或哪間新開的下午茶！直到某次外地朋友來找，「喂，我來高雄兩天一夜，推薦一下高雄必吃吧！」我才驚覺視為理所當然的飲食日常，竟然從未替外地人想過什麼是高雄代表的美食與店。本書透過三位外地老饕，精選出他們到高雄多回，品嚐過的代表性高雄美食，快跟上他們的腳步去找美食藏在高雄哪個角落吧！

高雄美食知名部落客 **美食好芃友**

## 推薦序6

由三位用心的部落客帶大家來玩不一樣的高雄，發掘更多不為人知的私藏景點，盡情享受高雄人的熱情，品嚐最庶民的在地滋味，夜宿高雄多留幾晚，體驗依山傍水的港都風情，從山上到海邊都能隨著他們三位美食作者，帶我們深入這座迷人的城市繁華，來趟超乎預期的終極旅遊，此書絕對讓你的旅程更加富饒精彩。

**高雄美食知名部落客 跟著左豪吃不胖**

## 推薦序7

如果要摸透一座城市的個性，最佳方式莫過於走進巷弄，大啖不起眼，卻總是大排長龍的小吃攤。

小吃不只是一種美食，更是一座城市、甚至一個國家的生活態度，也是一場永無止盡的文化傳承，無論口味從臺灣而起，或傳自外地，經過數十春秋的在地化，一碗肉燥飯、一盤蚵仔煎都能代表當地住民對環境的融入與包涵。

臺南人眼中的高雄美食會是什麼風貌，在這本書中可推敲一二，我發現作者與我相同，對高雄小吃有著莫大熱情，書中提及多間美食小吃，都是值得細細咀嚼的經典味道，更滿載高雄的傳統飲食文化。

不分平民富人、不帶政黨色彩，實踐「哪裡好吃哪裡去」的部落客精神，我想，這就是本書帶給讀者最大的魅力，跟著作者走進高雄，來場屬於港都熱情的美食接力賽吧！

**高雄美食知名部落客 桑尼瘦不了**

## 推薦序 8

讀了《高雄好吃好玩 50 選》感覺用字遣詞流洩出那分真實、細心、和善，就連小細節也不輕易放過，於字裡行間都能充分感受到作者的用心。

《高雄好吃好玩 50 選》一書正好適逢韓流，分區域將高雄重新完整的做個盤點，再加上三位作者真實、細心的文字風格，更能真實的為旅人們提供好吃、好看、好玩、好住的重要依據，也是漫遊高雄時絕佳的伴手好物！

知名美食部落客 **跟著熊爸一起食玩地球 go**

## 推薦序 9

《高雄好吃好玩 50 選》集結了三位優秀作者的文章，透過實際走訪大街小巷，幫大家精選出好吃又好玩的美食景點，讓你用輕鬆的腳步，挖掘高雄的美好。

知名美食部落客 **跟著關關看世界**

## 推薦序 10

高雄是我學生時期最精華充滿回憶的地方，期待《高雄好吃好玩 50 選》這本書帶我重遊高雄，品嚐更多新奇有趣的新店家，重溫記憶中青澀的美好味道。

知名美食部落客 **艾妮可 Guten Appetit 美味人生**

## 推薦序 11

從小在高雄長大，總是念念不忘高雄的海港風光與燦爛陽光。現在的高雄有歷史古蹟，也有新奇美食，更有網美景點和各種懷舊小吃，透過緹雅瑪、Lydia、進食的巨鼠三位熱情部落客親身走訪的筆觸，紀錄讓人耳目一新的現代高雄，用舌尖找尋最在地的高雄美味，跟著他們的快門美景來一趟最特別的高雄旅行。

知名美食部落客 **@ 橘子狗愛吃糖 @**

Part 1

Kaohsiung

# 玩高雄必備的旅食地圖

我們規劃了讓你玩得開心吃得 FUN 心的無敵旅食地圖，無論是武廟府城虱目魚的「韓總套餐」，還是三民區的人氣飲料店「小雅茶鋪」，又或者是左營區必吃的眷村美食劉家酸菜白肉火鍋……，輪番上菜的高雄美食絕對讓你一飽口福。

另外，浪漫的愛河水岸風光與燦爛夜景、老少咸宜的鈴鹿賽道樂園、擁有醉人美景的市境之南樹……，讓你盡享港都迷人風采。

# 1 武廟府城虱目魚

## 高雄最在地的庶民小吃

「武廟府城虱目魚」從早上 6:30 開始營業，以每日新鮮直送的無刺虱目魚和特製醬汁的肉燥飯，此兩道餐點頗受好評，口味完全不輸給臺南知名的虱目魚小吃名店呢！

必吃「韓總套餐」：肉燥飯、滷魚肚、綜合湯的澎湃組合

### 苓雅區最道地且 CP 值超高的「韓總套餐」

「武廟府城虱目魚」是高雄苓雅人最道地的庶民小吃，聽說高雄的韓國瑜市長於前年來此店用餐，吃了店家特製的滷肉飯後竟一吃成主顧，經市長大力推薦後，民眾便將韓市長品嚐的菜色組合命名為「韓總套餐」或「市長套餐」。

來店只要跟老闆說來一份「韓總套餐」，便會幫你送上這份套餐組合：肉燥飯、滷魚肚、綜合湯。當天到現場，發現不少觀光客連菜單都不看就直接指名點餐，據店家所說，有時不到下午 1 點韓總套餐就全部售完，可見韓市長的魅力無限。

### ❖ 必備主食肉燥飯

「韓總套餐」中的「肉燥飯」是必備的主食，在南部稱作「肉燥飯」（調味偏甜），北部則稱為「滷肉飯」，其作法是將滷絞肉和醬汁淋在白飯上，是臺灣人最常吃到的小吃呢！不妨試著把滷肉醬汁和白飯攪拌均勻，鹹香微甜的滋味，光這碗「肉燥飯」就能讓你吃得津津有味。

鹹香微甜的肉燥飯

### ❖ 招牌餐點滷魚肚和魚肚湯

「滷魚肚」和「魚肚湯」是「武廟府城虱目魚」的人氣招牌餐點，而內行人通常都點「滷魚肚」，店家將肥厚的虱目魚肚滷至入味軟透，夾著「滷魚肚」搭配肉燥飯吃，美味加倍，而且無刺的虱目魚讓大人小孩皆能放心地大快朵頤，可盡情享用魚肚的美味。

肥美可口的滷魚肚很下飯

點上滿滿一桌的肉燥飯、滷魚肚、綜合湯、綜合粥、滷豆腐、菜脯蛋，平實價格就能滿足味蕾。

令味蕾也臣服的綜合湯

綜合粥滿足了每張愛吃的嘴

工作餐檯，有著各式餐點配料

### ❖ 滿足味蕾的綜合湯

另外推薦這道「綜合湯」，裡頭有：虱目魚肉、虱目魚皮、虱目魚丸，虱目魚肉鮮甜但口感略偏乾柴，虱目魚皮軟Q帶有豐富的膠質，虱目魚丸彈牙有嚼勁，配上加入薑絲的湯頭清甜暖胃，能一次滿足你什麼都想吃的慾望，同時也是肉燥飯的最佳組合喔！

如果你喜歡品嚐魚粥料理，加碼推薦你品嚐「綜合粥」，它與「綜合湯」的配料相同，但是加入了米飯，有點類似湯泡飯的吃法是南部常見的魚粥作法。早上來碗綜合魚粥是南部人的幸福指標，再來點小菜：滷豆腐和菜脯蛋加菜作搭配，平價消費，美味不傷荷包。

INFO

**武廟府城虱目魚**

**地址**：高雄市苓雅區武廟路 177 號
**電話**：07 723 3358
**營業時間**：06:30-13:30
**店休日**：週日
**交通資訊**：

1. 搭乘 50、248、紅 22 號公車，至大順三路口站下車後，步行 3 分鐘。
2. 搭乘 88、88 延駛市議會、88 區間車、8010、紅 21 號公車，至聖功醫院站下車後，步行 4 分鐘。
3. 搭乘捷運橘線於五塊厝站（O8）下車，由 1 號出口出站，步行 5 分鐘。

# 2 上海生煎湯包

## 熱河一街必吃排隊美食

提到高醫美食，不得不提到熱河一街的「上海生煎湯包」。當我在高雄醫學大學就讀，正餐或消夜的覓食地點就是熱河一街或吉林街，而這家「上海生煎湯包」沒有哪位高醫學生不知道的，甚至可以説是高雄三民區居民的美食口袋店家之一。

趁熱品嘗這生煎湯包，滿滿內餡鮮甜又飽汁

### 親手製作的爆汁湯包燙嘴又美味

店家受歡迎的原因，在於口味道地、價格親民、餐點美味，「上海生煎湯包」老闆娘製作這湯包的好手藝是習承上海的老師傅，從皮到內餡，都是店家親手製作，所以每次到店都可以看到老闆娘和店員們在店外忙碌地製作著餐點，有節奏地製作麵糰、擀皮、包餡，讓大家能吃到最新鮮的湯包和煎包。

每次去總是看到客滿人潮及店員手不停地製作著湯包

生煎湯包，是全店必點的人氣餐點

看到鍋內的煎包發出噗滋聲響，讓人看了食指大動

### ❖ 只賣生煎湯包、小籠湯包、油豆腐細粉湯

「上海生煎湯包」只賣三樣食物：生煎湯包、小籠湯包、油豆腐細粉湯，單單這三樣就讓店家在熱河一街的精華美食地段稱霸為最熱門店家！只要是在用餐巔峰時間，都會看到店家人潮滿滿的景象，內用座位更是一位難求，所以之前我在念高雄醫學大學時，通常選擇外帶，然後回家慢慢品嚐。如果可以等候，還是選擇內用較佳，因為才能把握剛上桌時的燒燙熱度，趁熱吃最能享受爆漿的極致美味。

來到「上海生煎湯包」，不妨三道餐點一次點齊，美味程度絕對讓你覺得不虛此行、等待絕對是值得的。尤其是剛蒸出籠的小籠湯包和剛熱煎出鍋的生煎湯包，最能吃到那飽滿爆漿的湯汁和微酥香的煎包外皮，也要小心燙口喔！

用筷子夾起一顆生煎湯包，輕輕咬開一個洞，然後小心地吸吮那熱燙又鮮甜的湯汁，再慢慢地品嚐鮮美內餡和厚薄適中的外皮，相信你也會愛上這一吃就上癮的美味。

### ✤ 油豆腐細粉湯滿足小鳥胃

如果你只想喝點湯，「油豆腐細粉湯」一定能滿足你。熱湯裡面有著吸飽湯汁的油豆腐、滑口帶勁的細粉絲，吃起來燙口又暖胃，整體滿有飽足感，小鳥胃女孩喝這一碗，可是就會覺得飽囉！

來到三民區熱河一街，務必空著胃，來排隊嚐嚐這人氣爆漿湯包。

油豆腐細粉湯：吸飽湯汁的油豆腐和細粉絲，吃起來燙口暖胃又具飽足感

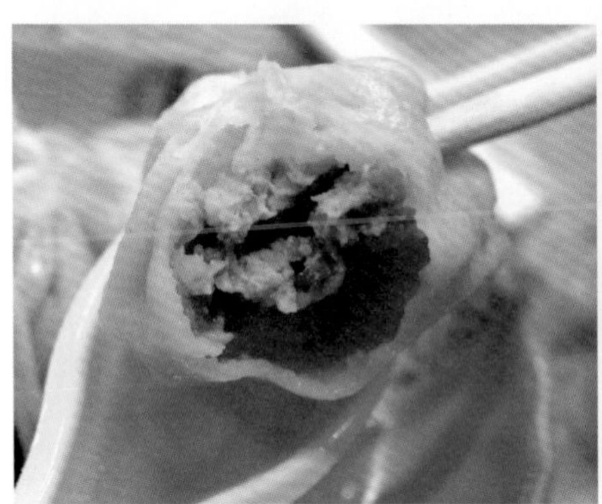

小籠湯包：滋味較清爽，湯汁飽滿燙口，搭配薑絲、醬油醋，更加涮嘴

INFO

**上海生煎湯包**

官網

**地址**：高雄市三民區熱河一街 208 號

**電話**：07 322 0702

**營業時間**：11:45-14:30 / 15:30-20:00

**店休日**：週六

**交通資訊**：

1. 搭乘 28、33、53B、8008、8009、8023、8040、8041A、E08、E25、E28、E32 號公車於高醫（十全路）站下車後，步行 3 分鐘（約 280 公尺）。
2. 搭乘 224 號公車於十全路口站下車後，步行 7 分鐘（約 600 公尺）。
3. 搭乘 73、紅 28 延、紅 28 號公車於自由路口（九如二路）站下車後，步行 5 分鐘（約 450 公尺）。

來店必點此三道人氣餐點：生煎湯包、小籠湯包、油豆腐細粉湯，平價美味又飽足

# 3 三民區小雅茶舖

## 高醫師生最愛的飲料店

提到三民區高醫美食，除了剛剛提到的熱河一街必吃的「上海生煎湯包」，還有這家人氣飲料店：「小雅茶舖」。「小雅茶舖」受歡迎的原因，就在於有真材實料，便宜又大杯，所以深受學生的喜愛。

店家主打真材實料的銅板價飲料，便宜大杯又好喝

## 俗葛大杯的銅板價飲料

記得就讀高雄醫學大學時，選擇和閨蜜們在外租屋，當初就跟熱河一街僅僅相隔一排屋子而已，我們最常覓食的地點就是在隔壁的美食之街。每次口渴想喝點什麼，我一定是來到「小雅茶舖」點杯銅板價飲料，最初喜愛的是他們家的波霸奶茶，在那個時候 50 嵐還不是很盛行時，這種手搖飲料店的珍珠或波霸奶茶最受大家的喜愛。

### ❖ CP 值超高的波霸奶茶和新鮮水果茶

「小雅茶舖」當時最火紅的，就是一杯 50 元不到的波霸奶茶和新鮮水果茶。波霸奶茶，有著 Q 彈的珍珠波霸，搭配香醇的特調奶茶，順口又好喝；新鮮水果茶，則以滿滿的新鮮水果聞名，一次就能喝到近十種以上的新鮮水果，多種豐富的水果，補充了在外讀書的學生所欠缺的水果量，自然酸甜的滋味，喝起來清爽又健康，喝完飲料後杯子裡還有多種水果可以品嘗，是傳說中的超高 CP 值水果茶。

### ❖ 芋頭系列飲料成為人氣必點飲品

近年來，因為網路和 IG 的普及使用讓美食資訊傳播快速，口耳相傳之下，讓「小雅茶舖」變成高雄極知名的飲料店之一。因應芋頭控的熱潮興起，店家推出了芋頭系列的飲品，尤其以芋頭西米露、芋頭鮮奶、芋頭西米露鮮奶最受民眾歡迎。堅持使用臺灣在地芋頭，每天自己耗工費時地切削和熬煮，其真材實料，讓人一喝就愛上。滿滿的芋泥，喝起來就感覺滿口天然的芋香，也因此變成人氣必點飲品。

因社群網站和 IG 打卡的風行，小雅茶舖變成當地人氣排隊店

芋頭西米露鮮奶，是人氣必點，喝的到芋頭的纖維，濃醇好喝

冬瓜杏仁凍，喝到冬瓜茶的香甜，又帶些杏仁的香氣

寒天冬瓜檸檬香茅凍，是店家特別推薦的創意飲品，裡面的寒天香茅凍吃起來口感 Q 彈，很特別

綠茶多酚，使用整整四瓶量的多多，石蓮花口味喝起來清爽又獨特

### ❖ 百種選擇，連高雄市長也大力推薦

店家的飲料有近百種的選擇，讓大家來到「小雅茶舖」都能挑到自己喜愛的飲品，除了常見的茶類、奶茶類外，還有其他充滿創意且少見的飲品，如：寒天冬瓜檸檬香茅凍、冬瓜杏仁凍、冬瓜綠豆珍珠……，都是口感和味道層次豐富的人氣選擇。我特別鍾愛「綠茶多酚」，整杯飲料共使用了四瓶的石蓮花多多，內容實在又口感清爽。

來到高雄醫學大學附近的熱河一街，務必到「小雅茶舖」點杯人氣飲料，喝喝在地經營十幾年的手調飲料，這家也是高雄市長大力推薦的高雄必吃必喝美食店家之一喔！

INFO

**小雅茶舖**

**地址**：高雄市三民區熱河一街 204 號
**電話**：07 311 1098
**營業時間**：11:00-（售完為止）
**店休日**：週三
**交通資訊**：
搭乘 28、33、53B、8008、8009、8023、8040、8041A、E08、E25、E28、E32 號公車於高醫十全路站下車後，步行 3 分鐘（約 280 公尺）。

## 4 下一鍋水煎包

飄香40年在地排隊店

水煎包是臺灣傳統平民美食，不論當早餐、午餐、點心，是隨時隨地解饞的台式零嘴小吃，營業至今已有數不清的電視媒體，以及報章雜誌採訪過。

現場可見水煎包的製作過程，從生麵糰和麵皮開始製作

### 鹽埕區高人氣小吃，連日本人也愛上

位於高雄鹽埕區飄香 40 年的「下一鍋水煎包」，是鹽埕區巷仔內的高人氣美食名店，連日本觀光客也愛這一味呢！

「下一鍋水煎包」使用生麵糰製作成麵皮，再手工包製，包好後的水煎包再一顆顆放進大平底煎鍋裡，整個過程需要 3 個人包製，2 鍋同時煎煮呢！生水煎包放滿鍋後即加入麵粉水，蓋鍋蒸煮，開鍋後可別以為這樣就完成，老闆快手俐落將水煎包一顆顆翻面，讓水煎包兩面均勻煎至金黃酥脆，再悶煮一會兒才能起鍋。

現場手工包製

從店家外觀看，足見工作人員的忙碌

### ❖ 出鍋速度快，但最好提前預約

每鍋水煎包製作時間大約為 10～15 分鐘，出鍋速度很快，但仍是供不應求；每到營業時間，購買人潮總是絡繹不絕。可別看現場沒有排隊人潮，就以為可以馬上買到，當天現場詢問後，還需要等待 1 小時呢！想吃到「下一鍋水煎包」，請大家務必提前打電話預約。

看老闆將一大袋水煎包放進寶麗龍盒保溫，顧客不間斷地來拿事先預約的水煎包，幾乎每個人都是每袋 20、30 顆這樣買，想不到小小一顆水煎包竟有如此大的魅力，如果你沒有事先預訂，選擇現場等待的話，就只能一直等下一鍋、下一鍋、再下一鍋了！

### ❖ 值得等待，秒殺吃光的美味

等待許久，終於拿到熱呼呼的水煎包，其分量如拳頭般大小，皮薄餡多，吃到煎面時的口感特別酥脆，內餡包滿新鮮高麗菜和少許豬絞肉，高麗菜口感鮮脆，充滿蔬菜自然的鮮甜滋味，讓人很容易秒殺吃光，一個人吃個 2~3 顆都沒問題呢！若想吃重口味，可加點特製辣椒醬，微甜小辣感會刺激你的味蕾，讓你上癮。「下一鍋水煎包」現作現煎，平價的感動美味，果然值得等待。若早上也想品嚐下一鍋的水煎包，非週一的上午 08:15～12:00 前往三民市場，也有販售喔！

包好後直接放進煎鍋，加入麵粉水

INFO

### 下一鍋水煎包

**地址**：高雄市鹽埕區大禮街 24 號（大禮街與必忠街交叉口）
**電話**：0915 010 853
**營業時間**：14:00~18:30（預約須提前至少 1 小時致電訂購）/ 三民市場攤位為 08:15~12:00（每週一公休）
**店休日**：每月農曆初三、十七
**交通資訊**：
1. 搭乘 0 北、0 南、11、25、33、50、214A、224 號公車，至大智路口（五福四路）站下車後，步行 2 分鐘。
2. 搭乘捷運橘線於鹽埕埔站（O2）下車，從 4 號出口出站，步行 7 分鐘。

開蓋再顆顆翻面，兩面雙煎

2 粒裝的水煎包，附沾醬

滿滿高麗菜餡料

5

# 劉家酸菜白肉火鍋

必吃的左營眷村美食

「劉家酸菜白肉火鍋」的前身是「劉家餃子館」，據說早期是由一位劉姓老士官所經營，賣的僅是家鄉味－餃子，後來，才傳給現任的王姓老闆所經營。

必點「劉家酸菜白肉火鍋」、手工捲餅、蔥油餅、水餃、小菜

## 劉規王隨不忘本，全臺分店多

王老闆為了感念劉伯伯的無私教導，特別將店名保留了「劉家」的名號，將店名取為「劉家酸菜白肉火鍋」，也才誕生了「劉規王隨」的佳名。「劉規王隨」的王老闆從劉伯伯身上學習了做餃子的功夫，從賣餃子開始，漸漸地研發出手工的捲餅、蔥油餅、刀削麵……等，搭配獨創的酸菜白肉火鍋，在左營眷村打響了名號，也變成左營區相當具指標性的美食之一。「劉家酸菜白肉火鍋」目前在全臺有多家分店，光在左營區就有兩家分店，如果要感受一下道地的眷村味，推薦可直接到「中正堂創始館」，創始館位在左營文康中心裡，園區空間大、停車方便，而且還保留著許多眷村的原始風貌，當你坐在店裡品嘗最道地的眷村美食，感覺格外的有味道！

## ✤ 讓人上癮的酸菜白肉鍋

這裡的酸菜白肉火鍋，以懷舊的炭火煙囪火鍋爐呈現，加入大量自家醃漬的酸白菜，湯頭酸度適中不過嗆，越煮越能煮出白菜本身的甜度，酸中帶回甘，湯頭爽淡，讓人忍不住多喝了好幾碗。薄片白肉，吃起來口感爽脆，沒有過分的油膩感，連不敢吃肥肉的人都能上癮。

## ✤ 水餃與蔥油餅驚艷味覺

店家既然是以賣餃子起家，當然要點盤水餃吃吃看！略厚的現桿手工餃子皮口感絕佳，滿滿的鮮肉加上青蔥、韭黃，一口咬下皮 Q 又多汁，潺潺流出的肉汁味道鮮美，果然叫人驚艷，真不愧是店裡的招牌。

蔥油餅的餅皮略帶厚度，外皮吃起來覺得酥脆，口口都能感受到十足的麵香與蔥香。另外推薦捲餅系列，可選擇牛肉或雞肉，搭配生菜、青蔥、美乃滋，濃郁的香氣與餅皮的酥脆再加上生菜的爽口，也著實讓人難忘。飯後再來上一塊店家自製的紅豆鬆糕，紮實中帶綿密的口感卻又不甜膩，恰恰可以畫下完美的句點。

在地經營逾五十年的「劉家酸菜白肉火鍋」，在日益變遷的現代，仍舊保留了眷村的好口味，讓老眷村不僅僅只停留在我們的回憶裡。

用餐環境寬敞舒適

店家外觀並不是很顯眼

酸菜白肉火鍋，湯頭入口轉為甘甜，白肉爽脆不膩

牛肉捲餅，滋味好又順口，搭配生菜美乃滋更是爽口

手工水餃，皮厚、內餡飽滿又多汁，滿滿肉香與蔥香

蔥油餅，手桿餅皮鹹香又酥脆，吃起來厚香又紮實

紅豆鬆糕，紮實綿密不甜膩

INFO

**劉家酸菜白肉火鍋**

**地址**：高雄市左營區介壽路 9 號（中正堂 - 創始店）

**電話**：07 582 3050、07 581 6633

**營業時間**：11 : 00-22 : 30

**店休日**：無

**交通資訊**：

自行開車，自國道一號至鼎金系統出口下交流道，走國道十號朝左營前進→高雄都會快速公路，沿翠華路 / 西部濱海公路 / 臺 17 線、勝利路和介壽路，即可抵達。

官網

# 6 浪漫愛河

## 高雄愛情產業基地

說到高雄的知名河流，大家最先想到的就是「愛河」。但是，你知道嗎？「愛河」最開始的名稱是源自於平埔族，稱為「打狗川」，日治時期又改為「高雄川」、「高雄運河」，再從「愛河游船所」衍生而來。

愛河河岸風光賞心悅目

### 整治過的愛河，白天夜晚都美

「愛河」最初為交通和運輸用途，也曾因工業污染而落沒、為人詬病，後又因政府和民間企業團體們的費心整治，變成了所謂的「愛河風景區」！整條「愛河」擁有嶄新面貌，白天你可以在河岸旁散步運動，甚至還有老人們聚集下棋，近期也規劃了「愛河自行車步道」，你能騎著單車徜徉在愛河畔，享受微風吹拂；晚上你可以欣賞美麗的河岸，燈火絢爛明亮，吸引許多人駐足拍照，甚至你能在岸邊找家咖啡廳，輕鬆地喝杯飲品、恣意欣賞河岸風光，偶爾咖啡廳也有駐場樂隊表演，河光景色、樂音飄揚，真是很棒的悠閒體驗。

愛河夜景燈火絢爛，相當迷人

愛河兩岸都有「愛河愛之船」搭乘處，可搭船遊覽愛河風光

夜晚在愛河的河西路側，可以欣賞河岸對面的飯店高樓景色

## 愛河很長，眾多景點可選擇

「愛河」很長，始於高雄仁武的八卦寮埤潭，中途流經左營區、三民區、鼓山區、苓雅區……等高雄市中心多區後注入高雄港，可以說是一條貫穿高雄的重要河流。沿途有滿多景點，如：真愛碼頭、駁二藝術特區、高雄市立歷史博物館、市立電影圖書館、高雄市立音樂館……等，很適合沿著河岸邊逛邊玩。愛河雖長，不過最精華熱鬧地段在七賢二路和五福四路區段，大家也可以在此區搭乘「愛河愛之船」欣賞河景風光。

不定期於週末、節慶或連假時期，舉辦河岸夜市或市集

### ✤ 必逛景點推薦 1：高雄市立電影館

「高雄市立電影館」是以藝術電影為主題的電影院和影視資料館，一樓為藝文沙龍空間和咖啡館，有電影相關文物的展示；二樓為視聽教室及限供館內借閱的片庫；三樓為電影館，備有大型放映室。每年 10 月至 11 月還會舉辦「高雄電影節」，此時期會播放國內外精選電影，還有「國際短片競賽」的活動。一樓也有紀念品販售，據說館外空地有知名電影人物們的簽名，大家也能去合影喔！

### ✤ 必逛景點推薦 2：高雄市立歷史博物館

「高雄市立歷史博物館」在日治時期為高雄市役所，也是高雄市市政府的舊址，現在則為高雄市定古蹟、歷史博物館、愛河地標。「高雄市立歷史博物館」可免費參觀，現場提供各種展覽，你也能來此了解高雄早期的歷史文化，是個寓教於樂的室內親子景點。

### ✤ 必逛景點推薦 3：駁二藝術特區

「駁二藝術特區」原為高雄港接駁碼頭的倉庫群，由老倉庫群改建而成的藝文展覽空間。整個藝術特區包含：駁二 P2 倉庫、C5 臺糖倉庫、月光劇場、藝術廣場，提供大小型展覽、戲劇表演、藝術市集的場所，這邊也有高雄世運會的裝飾公仔矗立在特區街道上，吸引許多親子前往合影，是個藝文、休閒兼具的景點，很適合來走逛拍照。

夜晚的愛河更加熱鬧，河岸兩側皆有路人駐足享受河岸夜景

高雄市電影館，愛河旁人氣景點，前方不定期有市集展出

### ✤ 必逛景點推薦 4：真愛碼頭

「真愛碼頭」為高雄港的 12 號碼頭，是少數對外開放的碼頭之一，這裡也是「國際旅客服務中心」，你可以在此搭配觀光遊輪：「真愛輪、光榮輪」前往旗津港，還能一邊觀賞高雄港海面風光，船上還有專業解說員沿途解說呢！如果不搭乘遊輪，「真愛碼頭」本身就有藝術造景，白色風帆外觀、沿岸的藝術裝置吸引滿多人前往觀賞拍照；附近還有知名景點：玫瑰聖母教堂，少見的歐式建築很有異國風情，入內參觀務必穿著端莊。

INFO

**愛河風景區**

官網

**地址**：高雄市前金區河東路、河西路

**電話**：07 799 5678

**營業時間**：24 小時

**店休日**：無

**交通資訊**：

1. 搭 168、雙層巴士西子灣線號公車於愛之船國賓站下車，步行 1 分鐘（約 76 公尺）。
2. 搭高鐵至左營站或搭臺鐵至高雄站，轉搭高雄捷運至市議會站，即可達。
3. 自行開車，走國道 1 號 - 高雄交流道下 - 中正一路至二路 - 民族二路 - 民生一路至二路 - 河東路，即可達。

「旗津」是來到高雄旅遊必玩的景點之一，前往旗津可由鼓山搭乘渡輪前往，若自行開車則可經由過港隧道前往。旗津小鎮雖不大，卻有著許多吸引人的地方，如：有三百年歷史的天后宮、旗津海岸公園的彩虹教堂、旗後砲臺……，來一趟旗津就可以玩上一整天了。

純白色的建築，不刻意修飾的隨性感，不用出國就能感受浪漫十足的地中海風

## 高雄燈塔盡覽高雄市景，最適合拍照、打卡

在旗津後山山頂的「高雄燈塔」，又稱為「旗津燈塔」，其於西元 1883 年設立，目前為三級古蹟，因為位處旗津的至高點：旗後山頂，所以來到這裡就能一次盡覽港灣美景。

因高雄港是臺灣南部的重要貿易港口，興建「高雄燈塔」，有助於確保商船往返貿易的安全。「高雄燈塔」雖然在二次世界大戰遭受機槍掃射，但並無損害，內政部在西元 1987 年將「高雄燈塔」訂為市定古蹟，並於西元 1992 年開始開放給民眾參觀。

來到「高雄燈塔」不僅可以感受到純白地中海的建築之美，也能見證歷史的痕跡，更能眺望高雄港灣海景，往左眺望可見柴山與

燈塔內展示室擺放了許多相關的照片與模型供民眾參觀

純白色的圓形磚塔，像極了異國浪漫小教堂

西子灣，往右側看則可將整個高雄市景一覽無遺，就連高雄地標：八五大樓都可以看的到，美景盡收眼底，愛拍照、愛打卡的網美真的推薦一定要來朝聖啊！而且來到「高雄燈塔」不管你的頭是轉向哪邊，景色總是與海景相連，愛拍攝海景的人也千萬不能錯過。

### ❖ 也曾被稱為打狗燈塔

根據歷史文獻記載，清領時期在臺灣共建有四座燈塔，第一座為鵝鑾鼻燈塔、第三座淡水港燈塔、第四座為安平燈塔，而「高雄燈塔」就是當時第二座興建的燈塔。高雄原名「打狗」，所以當時也被稱為「打狗燈塔」。

## 又稱旗後燈塔，可稱全臺最浪漫的燈塔

「高雄燈塔」又稱「旗後燈塔」，也是眺望整個旗津小鎮密集房屋與船隻入港的好地方，坐在這兒吹著微風、看著遠方群山環繞，放鬆又十分愜意。若是傍晚時分日落西山，整個夕陽餘暉照射在「旗後燈塔」上，更有種説不出的美感，可稱為是全臺最浪漫的燈塔，當然也吸引不少戀人來此拍照打卡。

### ❖ 全臺唯一的純白色八角形磚塔

旗後燈塔是一座純白色的八角形磚塔，塔高約十五公尺，光力約八十五萬燭光亮度，頂部為圓筒型外面有陽台環繞，是全臺唯一的純白色八角形磚塔。燈塔頂部的風向儀標示也十分特別，是以漢字：東、西、南、北呈現，與一般常見的英文字母標示不同。

### ❖ 旗後砲臺是國家二級古蹟

走出「旗後燈塔」，另一側的「旗後砲臺」也不要忘記了。建於清朝同治年間的「旗後砲臺」，目前是國家二級古蹟，砲臺入口設計為八字形，門額題有威震天南四字，而門口磚牆上則有磚砌成的「喜喜」字，象徵傳統吉慶意義，在臺灣的砲臺古蹟中，非常少見，也深具特色。

登上旗後燈塔，一覽大高雄港灣景致，美景盡收眼底

左望為西子灣及柴山區，右望可見整個高雄市景

### ❖ 旗後燈塔附近體驗美食和三輪車

走訪「旗後燈塔」後，別忘了去逛逛旗津老街、大啖美食，不管是各式伴手禮、各式海鮮料理（如：現烤小卷、炸海鮮、炸黑輪……），老店赤肉羹、番茄切盤、大碗冰……應有盡有。旗津因為四面環海，漁獲豐富，所以在這可以吃到價格最平實又新鮮的各類海鮮。三五好友相約海產街一嚐海鮮熱炒，一盤只要 100 元起的親民價，包准讓你花少少錢就能吃到飽。

若想體驗早期旗津主要的交通工具：人力三輪車，旗津這裡也都還保存著這種觀光三輪車，懷舊感十足，搭乘觀光三輪車還能快速瀏覽旗津老街，非常的方便，可千萬別錯過了唷！

旗津有著豐富的人文風情以及悠久的歷史文化，不管您是要吃美食、訪古蹟、買名產、看海看船，或是要體驗這裡的人文歷史風情，保證您一定會收穫滿滿。

來到旗津可至鼓山搭乘渡輪前往，以紅磚建築的旗津渡輪站也特別地有味道

旗津老街樣貌

旗津老街上整排的海鮮餐廳，來到旗津必訪，海鮮便宜又新鮮

旗津老街上美食林立，走一趟保證可以滿足您的口腹之慾

番茄切盤，新鮮番茄搭配古早味薑汁，也是來旗津必吃美食之一

INFO

### 高雄燈塔（旗後燈塔）

**地址**：高雄市旗津區旗下巷 34 號

**電話**：07 571 5021

**營業時間**：09 :00 - 18 : 00 （夏令時間 4/1～10/31）、
09 :00 - 17 : 00（冬令時間 11/1～3/31）

**店休日**：週一

**交通資訊**：

自高雄車站搭乘捷運紅線 R11 捷運小港線至美麗島站，轉搭乘橘線捷運站至西子灣站下車，步行約 7 分鐘至鼓山渡輪站，搭乘渡輪至旗津渡輪站後步行約 15 分鐘即可到達。

# 8 鈴鹿賽道樂園

## 高雄大魯閣草衙道必玩樂園

「高雄大魯閣草衙道」是高雄市內結合購物、美食、樂園、運動場等的全方位休閒娛樂購物中心，主要分為：大道東、大道西、鈴鹿賽道樂園，有 100 多間服飾商品、近 60 間餐廳伴手禮店、20 幾間文創 3C、15 個健身打擊娛樂場和 WeSport、國賓影城，供你盡情玩樂。

大魯閣草衙道購物中心

紫色花海節布置為期間限定，位於大魯閣草衙道入口廣場

## 既是親子駕駛主題樂園，也滿足各年齡層

擁有日本鈴鹿賽道官方唯一海外授權的「鈴鹿賽道樂園」，是適合 3 歲以上兒童的親子駕駛主題樂園，也針對幼童、兒童、青少年、成人設計各年齡層所喜愛的遊樂設施。

「鈴鹿賽道樂園」總面積占地萬坪，它不僅是一個親子遊樂園，讓兒童在娛樂的同時也可以學習交通規則和騎行的樂趣，鈴鹿精心打造部分設施兼具教育性質不同的賽道主題，並結合熱門刺激設施項目，滿足青少年、家庭親子或是想體驗競速快感的遊客。

## 樂園設施逐項收費或暢遊券

「鈴鹿賽道樂園」免費入園，可選擇單項購買設施（可使用一卡通）或者是無限次數使用的「暢遊券」，暢遊券（1 Day Pass）分為：全日暢遊券、星光暢遊券（17:00 後）。購買暢遊券的朋友會帶上防水紙手環，直接出示即可無限次數玩園區內的 11 項設施，每樣設施皆有搭乘身高限制，購買票券時務必留意喔！另外，樂園內有三項設施是獨立售票：迷你鈴鹿賽道、小小騎士、星際戰場，暢遊券無法適用。鈴鹿賽道樂園分為四大區：大魯閣草衙道購物中心前、小小城市、技能培訓村、迷你鈴鹿賽道。

復古歐風輕軌電車「草衙道電車」

### ✤ 大魯閣草衙道購物中心

大魯閣草衙道購物中心前的「旋轉木馬」是人氣 NO.1，總是吸引愛坐木馬的人前來遊玩。另一項設施是從草衙道入口行經星光大道的「草衙道電車」，可載著大家前往鈴鹿賽道樂園站。

「旋轉木馬」為人氣 No.1 設施

鈴鹿賽道樂園「售票中心」

### ✤ 小小城市

親子同樂的「小小城市」最適合幼兒童，在酷奇拉駕駛學校可以學習到最基本的交通規則。還有甩尾小車手、滴答電車，「小小城市」內的大部分設施，幾乎都可以拿到一張駕照，之後可到駕照中心，付費製作專屬於自己的駕照。

星光大道，可直達鈴鹿賽道樂園

青少年和成人最愛的飄移高手

## 技能培訓村

「技能培訓村」的自由落體、越野大冒險，依身高限制，只要有 16 歲以上成員陪同幼兒童即可搭乘。越野大冒險的涉水噴水霧、凹凸路面、上下橋梁等驚險設計，頗有「侏羅紀公園」電影場景，乘坐在越野車內的感受，值得推薦。而飄移高手、天空飛行家、自由搖滾較適合青少年、成人，如：「飄移高手」宛如小型賽車場，一次 4 台賽車競速，深受玩家喜愛。「天空飛行家」的主架構可再自控旋轉，在飛行過程中可自行操作自轉，增加刺激，搭乘完後工作人員會一一廣播哪台機共轉幾轉，相當有趣！

## 迷你鈴鹿賽道

「迷你鈴鹿賽道」是以日本原型 10:1 縮小的卡丁車賽道，有 3 款卡丁車供選擇，體驗競速馳騁快感。「酷奇拉家族」不定期在園區任一個設施驚喜現身與小朋友合照，每日 16:00 在酷奇拉寶貝店會舉辦「Hello，酷奇拉家族表演」，和小朋友互動玩遊戲和帶動舞蹈，同樂的小朋友還可得到小禮物！

若要享用午餐，建議於距離樂園很近的「虎次日式燒肉、炸牛排專門店」用餐。以往在日本才能吃到的日式炸牛排，近幾年在臺灣也吃得到，還有小烤盤可以自行煎烤，喜歡吃幾分熟度自己決定。

大魯閣草衙道不定期有活動布置，當天我前往時剛好舉辦「期間限定 / 紫色花海節」，在夜晚前往，美景令人驚艷！

來酷奇拉駕駛學校滿足駕駛慾望

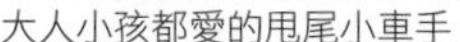

大人小孩都愛的甩尾小車手

刺激又有趣的自由落體

鈴鹿賽道樂園，左邊為日本原型 10:1 縮小的卡丁車場地的「迷你鈴鹿賽道」

大魯閣草衙道入口廣場「期間限定—紫色花海節」的夜景迷人

午餐在「虎次日式燒肉、炸牛排專門店」享用

每日 16:00 舉辦「Hello! 酷奇拉家族表演」活動

INFO

### 高雄鈴鹿賽道樂園

**地址**：高雄市前鎮區中安路 1-1 號
**電話**：07 796 7766
**營業時間**：11:00-21:30
**店休日**：無（設施不定期輪流保養）

官網

**店名**：虎次日式燒肉、炸牛排專門店 - 草衙道
**地址**：高雄市前鎮區中安路 1-1 號大道東 1F 之 11
**電話**：07 791 9588
**營業時間**：11:00-22:00（週六日 10:30 開始）
**店休日**：無
**交通資訊**：

1. 搭乘 69A、69B（延駛明鳳）、紅 7A（不經紅毛港）、紅 7B（經紅毛港）、紅 7C（延駛漁業署）號公車，至捷運公司（捷運草衙）站下車後，步行 4 分鐘。
2. 搭乘捷運紅線於草衙站（R4A）下車，由 2 號出口出站，步行 1 分鐘。

# 9 高雄最南端的林園

## 市境之南樹

位在高雄最南端的「林園」，一顆黃瑾樹正座落在高雄最南端的經緯度上，成了當地人口中的「市境之南樹」。原為當地人口耳相傳一處小祕境，卻因「韓流」爆紅，成為高雄最熱門的新私房景點。

位置在北緯 22° 28'33.1"N、東經 120° 24'52.9"E 正是高雄市的最南端，故名為「市境之南樹」

### 在市境之南樹迎曙光，看日落美景

說起這棵「市境之南樹」算是當地里長無心插柳的意外。據說幾年前，當地的里長種植了一排五十餘株的黃瑾樹在林園區汕尾地區的爐濟殿公園，其中有一棵樹因為空間不足而被獨立種植，其地理位置恰在北緯 22° 28'33.1"N、東經 120° 24'52.9"E 上，正好是高雄市的最南端，因而被稱為「市境之南樹」。此處位在高屏溪海的交接處，東望大武山、東港，南眺小琉球與臺灣海峽，無論是迎曙光、看日落，都擁有了絕佳的景色與視野，山光水色盡收眼底，美不勝收。

「市境之南樹」在林園爐濟殿公園旁，開車導航可直接定位於此

「市境之南樹」現已是高雄新興的私房景點，有不少遊客在元旦當日特別來迎接第一道曙光並掛上祈願卡

### ✤ 不要錯過月牙灣與其他生態、人文景點

黃瑾樹生性強健、生長快速、耐風防潮，是沿海地區防砂、定砂與防風的優良樹種。在臺灣沿海地區算是滿普遍常見的防風林樹種，但位於林園的「市境之南樹」會吸引大批遊客前來朝聖拍照打卡留念，另一個原因就是因為它曾經歷了幾次的風災摧殘卻依舊努力地綻放著綠葉，象徵著「復甦再起」的意義，因此也成了 2018 年高雄最夯、最熱門的新景點。

另外，千萬別錯過這裡的另一祕境：月牙灣。林園因設置了「離岸堤」的工程結構，意外形成九處月牙灣，但其中一處距離「市境之南樹」約一百公尺外的月牙灣，據說是弧度最美的！在晨曦或夕陽餘暉下，非常的漂亮，也是當地戀人口耳相傳的私房景點。

「市境之南樹」旁的月牙灣，無論清晨或黃昏，都是讓人沉醉的美景

來到「市境之南樹」可順便來趟林園小旅行，當地的清水巖龍蟠洞、爐濟殿、廣應廟、鳳鼻頭遺址以及新建的海洋濕地公園……等，非常適合喜歡拜訪自然生態的遊客，另外像是安樂樓、黃家古厝（江夏古厝）、原頂林仔邊警察官吏派出所……等，都是當地具代表性的人文景點，最後再安排前往林園老街品嚐美食小吃，保證收穫滿滿。

INFO

**市境之南樹**

**地址**：高雄市林園區東汕路 32 號
**電話**：無
**營業時間**：24 小時
**店休日**：無
**交通資訊**：
搭乘高雄捷運紅線到小港站下車，步行約 4 分鐘至立群路口轉搭港都客運紅 3B 至汕尾站下車，步行約 12 分鐘可達。

清晨時分天邊漸漸染成澄黃色，雲彩點綴天際，一眼可盡收山光水色，美景絕佳

Part 2

# 苓雅區 / 前金區 / 新興區 推薦美食

Kaohsiung

苓雅區／前金區／新興區的美食蘊藏了古早味、人情味，還不時出現令人驚喜的口味，在這裡你能品嘗到古早味甜點—老牌白糖粿，還有用 10 元銅板價就可以吃到的粉圓冰，用炭火直燒的豬肉冬粉……，而「宇治．玩笑亭」的抹茶霜淇淋更是每日都帶給你驚喜的新口味，來一趟苓雅區／前金區／新興區，絕對喚醒你的味蕾，讓你大啖美食，直呼過癮。

# 1 老牌白糖粿

## 高雄在地老店，古早味甜點

「白糖粿」屬於滿古早味的甜點，在臺灣的中部和南部比較常見，北部則較少見，而依照地區，其稱呼方式也不同，例如：在彰化地區，「白糖粿」則被俗稱為「糯米炸」，且通常會被剪切成方塊狀，而不像南部多是一長條形的獨享大分量。

老牌白糖粿在地經營 50 年，就算遷移，始終都在此路口

### 苓雅市場懷舊甜點，古早滋味甜傳 50 年

還記得我在高雄就讀大學時，假日時偶爾就會來到苓雅市場覓食。那時，最愛吃碗南豐魯肉飯後，再到旁邊的白糖粿攤車來份白糖粿，當作餐後的完美甜點。重點是銅板價又美味，加上店家已在地經營 50 多年，可說是老高雄人共同的回憶小吃，也因此「老牌白糖粿」在高雄人心目中始終是值得再三回味、充滿少年時期回憶的懷舊甜點！

## ❖ 僅販賣白糖粿、炸番薯、蘿蔔糕

在地經營半百年的「老牌白糖粿」，維持手推攤車的經營方式，小小的鐵皮攤車，每到午後，就會排成一長龍，且多是在地居民，其人氣可見一斑！「老牌白糖粿」品項單純，僅販賣白糖粿、炸番薯、蘿蔔糕三種古早味小吃，全攤堅持不使用回鍋油，每天油炸食材的油品都是新換的，這樣才能讓每一樣古早滋味都是呈現金黃的漂亮炸衣，皆為新鮮食材製作，而且都是素食，讓吃素的人也能放心品嘗呢！

僅販售三種古早味：白糖粿、炸番薯、蘿蔔糕，皆為均一價

攤車上可見媒體採訪報導的剪影

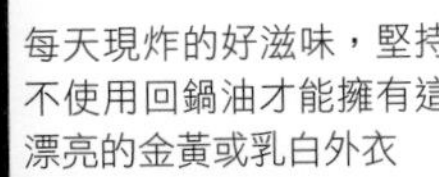
每天現炸的好滋味，堅持不使用回鍋油才能擁有這漂亮的金黃或乳白外衣

金黃蘿蔔糕，品嘗起來是單純的素粿，務必搭配店家特製醬料，別有風味

白糖粿現炸起鍋，吃起來超酥脆，搭配花生或芝麻糖粉都是人氣推薦

店家特製的芝麻糖粉，吃的到完整芝麻顆粒

## ✤ 搭配芝麻糖粉與花生糖粉，多層次的口感

「白糖粿」可以選擇搭配芝麻糖粉或花生糖粉，跟臺南的白糖粿店家多單純沾附細砂糖粉不同，吃起來多了一股芝麻或花生的香氣。值得一提的是，他們的特調糖粉甜度適中，不會太甜膩。一般店家的糖粉多是將磨碎的芝麻粉和糖粉混合製作，但「老牌白糖粿」的芝麻糖粉，是真正的黑芝麻，可以吃到一顆顆的黑芝麻，感覺特別實在又養生，口感上也多了層次。「老牌白糖粿」是在地老品牌，也吸引了不少電視媒體前往採訪，其附近還有一家「正牌白糖粿」，據說也是當地人十分喜愛的 60 年古早味，品項選擇性更多，兩家各有其擁戴者，如果胃還有空間，建議不妨兩家都試試。

INFO

**老牌白糖粿**

官網

**地址：**高雄市苓雅區自強三路與苓雅二路口
**電話：**0930 575 111
**營業時間：**13:30–20:30
**店休日：**不定期
**交通資訊：**

1. 搭乘 205 號公車於苓雅路口（中華四路）站下車後，步行 3 分鐘（約 230 公尺），或搭乘 0 號公車於自強三路口（四維四路）站下車後，步行 2 分鐘（約 180 公尺），或搭乘 11 號公車於青年二路站下車後，步行 3 分鐘（約 250 公尺）。
2. 搭乘 0、83、100、168、214A 號公車於青年二路站下車，步行 3 分鐘（約 240 公尺）。
3. 搭乘高雄捷運，至三多商圈站下車後，步行 12 分鐘（約 900 公尺）。

## 2 卡啡那文化探索館

### ──秒置身歐洲咖啡館

創立於 2012 年的「卡啡那 CAFFAINA」，至今已有 6 家門市咖啡廳，在 2018 年 12 月開幕的「卡啡那文化探索館」位於苓雅區，因位於高雄市文化中心內的公園旁，而擁有全臺最美公園咖啡廳的美譽，每到夜晚咖啡廳開燈後更加吸引人，美到令人目不轉睛！

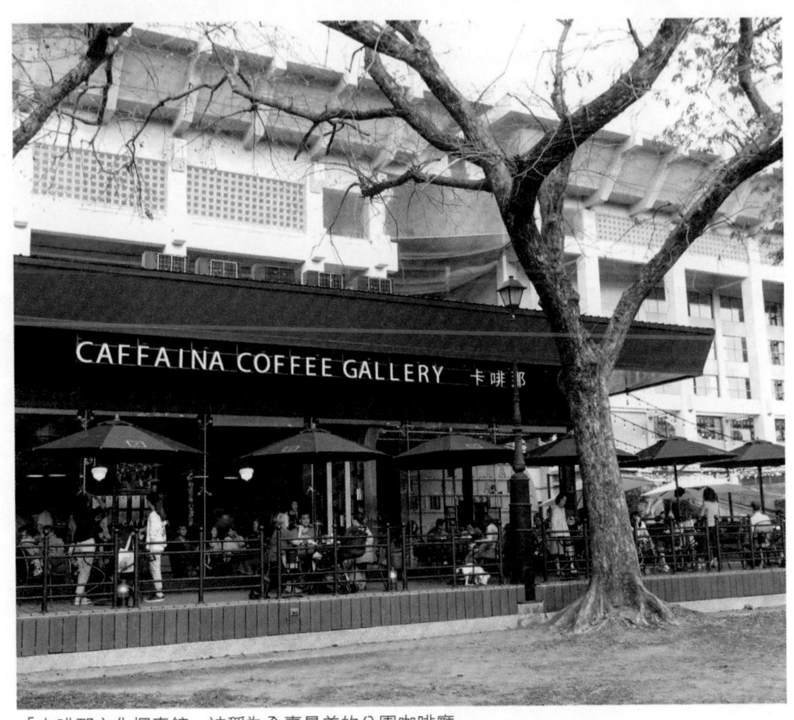


「卡啡那文化探索館」被稱為全臺最美的公園咖啡廳

### 渲染式咖啡文化，彷如置身義大利咖啡館

「CAFFAINA」以義大利文「咖啡因 Caffeina」原文衍生而命名，卡啡那追求的不是傳統咖啡銷售模式，而是要將咖啡文化渲染給每個人，讓顧客能停下腳步，好好享用自己的咖啡時光。並在空間規劃設計上，加入許多創意新思維，像是如鐘錶內部結構的齒輪藝術裝置、抬頭可見的「CAFFAINA」字樣，還有從書架延伸至天花板的歐洲文藝書牆，每一角落都有置身於義大利咖啡館的感覺！

室內用餐環境，天花板上的「CAFFAINA」字樣會發光，更顯亮眼

鐘錶內部齒輪裝置牆面

延伸至天花板的文青書牆

現點現煮的精品咖啡

### 多元的咖啡美學，注重與顧客的互動

「卡啡那 CAFFAINA」結合咖啡、法式甜點、輕食烘焙、綠意生活美學，且注重咖啡師與顧客之間的互動，若你點了杯精品咖啡，可坐在精心規劃的半圓造型吧檯座位區，看著咖啡師沖煮咖啡的每個步驟，細細品味職人級的現煮精品咖啡。

## ❖ 自製法式甜點一級棒，輕食與餐點任君挑選

「卡啡那 CAFFAINA」不僅是咖啡專家，除了選用自家烘焙咖啡豆，法式甜點也是由自家團隊製作，蛋糕櫃裡如寶石般精緻的法式甜點，每樣都讓人無法抗拒！而人氣必點的是「舒芙蕾 Souffle 系列」共有 9 種口味，選用傳統銅鍋製作，現點現作需等待約 20 分鐘。「法漫草莓舒芙蕾」以草莓舒芙蕾為基底，搭配手作草莓淋醬、新鮮綜合草莓水果、草莓冰淇淋，口感如雪花般入口即化，一吃就愛上（草莓系列為季節限定）。想吃鹹食輕食類，墨西哥薄餅、帕里尼、沙拉披薩都能滿足你！

「卡啡那 CAFFAINA」共有百種品項可挑選，無論是慢活早午餐、優雅下午茶、夜景晚茶消夜，隨時皆可來體驗置身歐洲咖啡館的氛圍。

法漫草莓舒芙蕾令人食指大動（季節限定）

雪莓莉莉甜美誘人（季節限定）

INFO

**卡啡那文化探索館**

官網

**地址**：高雄市苓雅區五福一路 67 號西苑（高雄市文化中心內）
**電話**：07 226 1167
**營業時間**：08:00-23:00
**店休日**：無
**交通資訊**：
1. 搭乘 72A、72B、82A、82B、紅 22 號公車，至師範大學（和平校區）站下車後，步行 4 分鐘。
2. 搭乘 90 號公車，至光華五福路口站或廈門街口站下車後，步行 5 分鐘。
3. 搭乘高雄捷運橘線於文化中心站（O7）下車，從 3 號出口出站，步行 9 分鐘。

香芋蒙太奇充滿魔力

# 3 苓雅區的南豐魯肉飯

## 大塊魯肉肥軟甜嫩

說到「魯肉飯」，不知道大家是否也有發現北中南部對「魯肉」的定義不相同，有時候說的是不同的餐點種類呢？這家高雄的「南豐魯肉飯」，並非「肉燥飯」之義，而是所謂的「控肉飯」。當初第一次聽到店名時，就思考，魯肉是控肉（爌肉）、滷肉、還是肉燥飯？

魯肉飯搭配滷蛋、滷丸、滷豆腐，就是澎湃的一餐

### 有控肉的魯肉飯，在地人的私藏廚房

「南豐魯肉飯」店如其名，你幾乎可發現魯肉飯人人必點，可見「魯肉」受歡迎的程度可不容小覷。當熱騰騰的「魯肉飯」送上時，你會訝異小小一碗飯上竟然有著一大塊「控肉」，厚度十足，肥瘦比例適中，有著軟口又肥嫩的外皮和油脂，店家滷製地十分入味且透，整體吃起來好嫩、好香，連瘦肉的部分也是嫩實口感、完全不老柴。搭配滋味甜甜的酸菜，白飯還淋上了些許肉燥和肉汁，吃起來就是正港的古早味。難怪很多在地高雄人一吃就是一輩子，雖然不是山珍海味，戀上的就是這種樸實的媽媽味，讓人越吃越想念！

### ❖ 主食和湯品種類繁多

「南豐魯肉飯」並不只有魯肉飯，店家的餐點種類可不少，有肉燥飯、雞肉飯、獅子頭飯、魚肚飯、意麵……，還有各式古早味湯品：苦瓜封、貢丸湯、魚丸湯……。你站在攤外，看見琳瑯滿目的餐點被放置在大大小小的鐵鍋鐵碗內，有點類似臺南的飯桌店景象呢！

苓雅市場不僅是採買食材的傳統菜市場，更有許多美味的懷舊小吃隱身在此，找個時間來巷弄內探索，尋找記憶中的媽媽手作滋味吧！

店家外觀很樸實，具有親和力

各式新鮮菜餚在鐵爐上加熱

肥嫩的三層肉，搭配古早味酸菜，鹹甜又下飯

南部滷蛋通常用的是滷鴨蛋，蛋黃大、口感綿；滷丸、滷豆腐也是必點搭配

INFO

## 南豐魯肉飯

**地址**：高雄市苓雅區自強三路 139 號
**電話**：07 331 2289
**營業時間**：11:00-22:00
**店休日**：不定
**交通資訊**：

1. 搭乘 205 號公車於苓雅路口（中華四路）站下車後，步行 3 分鐘（約 230 公尺）。
2. 搭乘 0 號公車於自強三路口（四維四路）站下車後，步行 2 分鐘（約 180 公尺）。
3. 搭乘 11 號公車於青年二路站下車後，步行 3 分鐘（約 250 公尺）。
4. 搭乘 0、83、100、168、214A 號公車於青年二路站下車後，步行 3 分鐘（約 240 公尺）。
5. 搭乘高雄捷運，至三多商圈站下車後，步行 12 分鐘（約 900 公尺）。

## 4 炭樵日式串燒居酒屋

前金區必吃美食

高雄著名的串燒名店「炭樵日式串燒居酒屋」，有著濃濃日式氛圍，晚上是三五好友同事聚餐小酌的深夜食堂。其位於新崛江商圈附近，店外從2樓伸出來的超浮誇立體手握肉串招牌，加上牆面KUSO人物表情和我要開動了（いただきます）字樣，十分搶眼吸睛。

店面壯觀的立體巨型串燒

### 臺灣人喜愛的日式味道，動漫布置很酷炫

店內餐點提供串燒、大阪串炸、燒烤……等料理，陳老闆不定期到訪日本餐廳品味觀摩，以及不斷自行研究開發的創意料理，將口味調整為更符合臺灣人喜愛的味道。1樓用餐環境是狹長型設計，兩面皆用上日本動漫人物和雜誌作佈置，2樓有日本動漫、懷舊電影人物，還可見到知名動漫「進擊的巨人」的超大繪圖牆，亞倫和巨大化巨人的正面對決，相當酷炫！

陳老闆職人級現烤肉串

2 樓大型「進擊的巨人」日本動漫繪圖

塩蔥嫩五花、叭哩叭哩豬五花，令人食指大動

讓人垂涎三尺的紫蘇番茄雞肉串、明太子雞肉串

1 樓工作區和用餐環境

2 樓用餐環境

### ✤ 70 種料理可選擇，先參考人氣 TOP10

店內共有 70 道以上豐富料理，第一次來不知從何下手，可參考「人氣 TOP10」，其中塩蔥嫩五花、叭哩叭哩豬五花、紫蘇番茄雞肉串、明太子雞肉串，皆是必吃的熱門串燒。不在菜單上的招牌料理和隱藏版菜色會在店內的黑板上出現，最推薦的是招牌料理「秘制牛串」，牛肉塊裹上洋芋片高溫油炸，炸至牛肉約 3 分熟度，鮮甜外皮帶酥脆感，層次口感教人驚艷。「塩烤雞膝軟骨」取用雞膝上的一小塊軟骨，帶點膠皮 QQ 微脆口和三角軟骨完全不同，十足的下酒菜，還有大阪原汁原味的「串炸」，美味直逼在大阪吃到的串炸，醬汁不過鹹有特別調整過，再小酌一杯更享受。



來高雄旅行的朋友記得逛完新崛江後，務必到「炭樵日式串燒居酒屋」品嚐能挑起味蕾的串燒串炸料理。

點桌必吃炸串和串燒，品嚐日本正宗好滋味

塩烤雞膝軟骨讓人一口接一口

撒上蔥花的秘制牛串好對味

串炸：三角軟骨、番茄、雞腿肉

INFO

**炭樵日式串燒居酒屋**

**地址**：高雄市前金區仁義街 278 號
**電話**：07 215 0050
**營業時間**：18:00-01:00
**店休日**：無
**交通資訊**：

1. 搭乘 205 號公車，至新田路口（中華四路）下車後，步行 2 分鐘。
2. 搭乘 25、50、76、77、77 區間車、100、218A、218B、224 號公車，至城市光廊（捷運中央公園站）站下車後，步行 2 分鐘。
3. 搭乘捷運紅線於中央公園站（R9）下車，往 2 號出口出站，步行 4 分鐘。
4. 自行開車，從國道一號的 367B- 高雄號出口下交流道，沿中正一路、五福一路和五福二路前往前金區的仁義街，即可抵達。

官網

# 5 前金區的戴家豆漿店

## 在地古早味老店

已開業 40 多年的「戴家豆漿店」是一家高雄在地老字號的早餐店，店面外觀很不起眼，若非在地人推薦，很難想像這家店竟然暗藏美味。除了招牌豆漿外，最特別的就是店裡有賣少見的古早味花生湯與蘿蔔絲餅，店裡賣的品項大多為自家製作，口感好，價格也很親民。

在地老饕推薦的吃法，油條沾花生湯非常令人驚艷

### 內行人的吃法，油條沾花生湯

來到「戴家豆漿店」千萬別錯過他們家的「花生湯」，花生熬煮綿密入口即化，喝來香甜可口還能感受到花生在口中化開的綿密與香氣。據説很多在地人內行的吃法就是油條沾花生湯，油條沒有沾到花生湯的一側口感酥脆，有沾到花生湯的一側則是多了股豆香，花生湯因多了油條的鹹香滋味也降低甜膩度，香氣更好，是很特別與懷舊的吃法。

### ❖ 招牌蘿蔔絲餅和用烤的蔥油餅

店裡的另一招牌「蘿蔔絲餅」，還沒有咬下就可以聞到蘿蔔絲香氣，入口有很棒的胡椒香，吃來飽滿又略帶水分的蘿蔔絲，品嚐得到蘿蔔本身的鮮甜，一吃就停不了。

「戴家豆漿店」的「蔥油餅」外表看起來雖不起眼，但卻非常值得推薦，紮實的麵皮口感與滿滿的蔥香讓人驚艷，有別於一般店家的蔥油餅是以煎或炸的方式料理，「戴家豆漿店」的蔥油餅是以烤的方式呈現，所以吃來不油膩，雖然沒有炸得酥脆的外皮，但麵皮的自製手感風味著實讓人越嚼越香、越嚼越涮嘴。

蛋餅是傳統作法的薄麵糊皮，口感軟Q不過硬，採現點現煎，口味多樣

「戴家豆漿店」的選擇豐富，價格親民又美味

鍋貼的外皮煎得金黃酥脆，肉餡飽滿實在

蘿蔔絲餅、蔥油餅，為人氣必點

內餡飽滿的蘿蔔絲餅，品嚐的到蘿蔔本身的鮮甜，搭上迷人的胡椒香，非常吸引人

「戴家豆漿店」外觀

超人氣蔬菜蛋餅，高麗菜事先在鐵板炒過再包入蛋餅中，份量超大，CP 值很高

採自助式夾取後再結帳的方式，蛋餅為現點現做需另外點

### ✤ 熟客必點的蔬菜蛋餅，超佛心的價格

「戴家豆漿店」的蛋餅也是熱門人氣商品，因蛋餅皮是薄麵糊皮，口感特別好。來這裡的熟客必點的就是「蔬菜蛋餅」了，豐盛的高麗菜顯現店家的誠意，在鐵板上略炒過的高麗菜，吃起來清脆多汁、香氣十足，重點是一份只賣 20 元，實在是太佛心價了，難怪煎蛋餅的阿姨手幾乎沒停過，不過由於是現點現煎，要吃可要有點耐心喔！

「戴家豆漿店」好吃的餐點可不少，除了花生湯、油條、蔬菜蛋餅、蘿蔔絲餅跟蔥油餅外，像燒餅油條跟鍋貼、湯包也非常熱門，往往很快就會被掃空，來「戴家豆漿店」別忘了多帶幾個胃來大快朵頤。

INFO

**戴家豆漿店**

**地址**：高雄市前金區自強一路 90 號
**電話**：07-2512088
**營業時間**：05:30-11:00
**店休日**：每個月第二周的周一公休
**交通資訊**：
自行開車，於國道一號 367B- 高雄一號出口下交流道，沿中正一路行進，至中正四路（約五公里）即可看見自強一路向右轉後，目的地就在右邊。

## 6 興隆居

在地人必吃60年傳統早餐店

創立於1954年的「興隆居」，早期原為韓姓退役榮民所開設的中式早點，後由從事花藝與陶藝創作的黃孟娟女士接手經營。雖然是經營超過一甲子的老字號店家，但秉持著手感自製的真功夫，他們家的湯包與燒餅，直至今日仍舊是遠近馳名。

招牌湯包幾乎每一籠一出爐就會立即秒殺

### 位於前金區的興隆居，在地人和觀光客都愛

興隆居位於前金區，是在地人跟觀光客都很激推的店家，更是不少香港、大陸、日本遊客來高雄必吃的店。其招牌湯包只要一出籠，立即就秒殺，每次來吃都要排上至少20分鐘才吃的到，聽說常常凌晨三、四點就有人在排隊了，是高雄在地人從小吃到大的好味道。

店裡賣的與一般傳統的早餐店沒太大的差異，但鎮店之寶可是湯包跟燒餅。許多老饕與觀光客都是衝著這兩樣來的，像是我到訪的這天，鄰桌就有幾位香港遊客與日本客慕名而來，連載運遊客前來的計程車司機都驕傲得跟正要下車觀光客介紹說：「來，興隆居到了！這家就是我們全高雄排隊排最長的一家店。」果不其然，我看排隊等待的客人已經從店裡排到門外足足有大約50公尺的人龍了。

堅持手工製作的湯包，尺寸大約是正常包子的大小皮薄餡多還會爆汁

燒餅薄酥脆的口感，與獨特香氣，一吃就忘不了

堅持自家生產的豆漿，濃郁細緻濃醇香

除了招牌燒餅跟湯包外也有各式傳統早點

創立至今超過一甲子的興隆居，仍舊每天大排長龍

傳統的中式早點，用銅板的價格就可享受美味吃到飽

### 個頭大的湯包有飽足感，會、爆、汁

「興隆居」的湯包個頭比較大顆。有點類似包子，一般女生吃一顆就很飽足了，湯包麵皮薄 Q，內餡部分高麗菜與肉餡比例適中，蒸過後高麗菜與肉餡的湯汁整個被鎖在裡頭，輕輕一咬就爆汁。沒錯，「興隆居」的湯包最厲害的地方是會、爆、汁！提醒大家一定要記得輕輕咬，否則就會被熱呼呼的湯汁噴濺了一身。

取名為「事事如意」的燒餅組合，裡層夾了酸菜、蛋、油條，一口吃下層次分明，香酥脆。喜歡吃辣的朋友加一點辣椒醬美味更加分

蛋餅蛋量多，每一口都充滿蛋香，外皮吃來微酥

鎮店之寶湯包，內餡豐富，趁熱咬下享受爆汁的滋味吧

### ✤ 燒餅搭配種類多元，口感層次分明

除了常見的燒餅夾油條外，「興隆居」的燒餅配搭種類非常多，像是酸菜、蛋、油條、水果、蔬菜等等，取名更是特別像是燒餅兩相好、三代同堂、事事如意等。

這裡的燒餅經過烘烤後散發出的獨特香氣與酥脆的口感，不油膩，令人驚豔，麵皮紮實又香Q，配上酸菜、半條油條與蛋，要張大口才能完全HOLD住，一次能吃到四種食材，口感層次分明。特別一提的是店家裡搭配醬料種類多，愛吃辣的人可加點辣椒醬，滋味更提升。

「興隆居」自家生產的豆漿，堅持選用上等黃豆不加入任何添加物，香濃健康，鹹甜豆漿都可口。如果您也喜歡品嚐道地的中式傳統早餐，這家在地一甲子的老店「興隆居」，可千萬不要錯過。

INFO

**老店興隆居**

**地址**：高雄市前金區六合二路186號

**電話**：07 261 6787、07 2016212

**營業時間**：04:00-11:00

**店休日**：每週一

**交通資訊**：

搭乘捷運紅線捷運小港線至美麗島站，轉搭乘橘線西子灣線至市議會站下車，後步行大約3分鐘即可到達。

官網

# 7 在地老字號——黃家粉圓冰

堅持10元銅板價

高雄有兩家十分著名的10元粉圓冰，分別是「嘉鄉味鄧家特製粉圓冰」和「黃家粉圓冰」，兩家粉圓冰原本在同一條街道對面。後來「黃家粉圓冰」搬遷到愛河旁，位置更寬敞、環境也更明亮乾淨，兩家各有擁護者，不變的是銅板價格的大分量，用料實在。

10元粉圓冰，必吃招牌。

## 塑膠袋裝的粉圓冰，濃濃古早味

這次巨鼠就來介紹其中的一家「黃家粉圓冰」，研究了菜單，價格真的很平價，只要10元就能吃到滿滿一碗粉圓冰，八寶綜合冰也只要25元，除了粉圓冰，這邊還有仙草冰、紅茶冰、黑糖粉粿冰……，冬天還有提供桂圓和湯圓系列的熱甜湯，選擇性真的很多。一般人都內用居多，也能外帶，外帶有塑膠袋裝、加價碗裝，我偏愛塑膠袋裝粉圓冰，直接插粗吸管就能品嚐，較有古早味，也讓人懷念！

### ❖ 粉圓冰和八寶綜合冰涮嘴豐富

來到「黃家粉圓冰」，務必嚐嚐知名的「粉圓冰」，整碗碎冰淋上黑糖水後再放滿粉圓，高聳的一碗，視覺上很豐盛！晶瑩剔透的粉圓，吃起來很Q、彈性十足，咕溜口感很涮嘴！而且他們家的剉冰，不是那種很綿密、很細的那種，而是顆粒較大、咬起來會有咔咔聲響、類似手削的碎冰。「八寶綜合冰」則能一次吃到：紅豆、綠豆、大豆、圓仔、愛玉、粉圓、粉條……，8 種配料不定期搭配，但還是非常豐富！我特別喜歡他們家的黑糖水不會過甜，所以整碗冰吃到最後都不會覺得太甜膩，反而覺得冰涼清爽呢！你喜歡粉圓冰還是八寶綜合冰呢？都可以試試喔！

各種新鮮配料，都可加價任君挑選

八寶冰料多實在，銅板價就吃得到

INFO

**黃家粉圓冰**

**地址**：高雄市前金區河南二路 132 號
**電話**： 07 282 1010
**營業時間**：10:30-22:30（外帶至 23:00）
**店休日**：不定
**交通資訊**：
1. 搭乘 0 南、33、218 號公車於七賢二路口（中華三路）站下車後，步行 2 分鐘（約 210 公尺）。
2. 搭乘 56、82、83 號公車於自強路口站下車後，步行 4 分鐘（約 400 公尺）。

店家外觀

# 8 芳德豬肉冬粉

百年古早味炭火直燒

臺灣小吃之所以迷人，往往就是因為簡單卻很美味，加上多年與在地培養深厚的感情，除了美味外更多了深厚的人情味。

店內的料理既簡單卻美味

## 新興區百年老店，傳承三代屹立不搖

新興區有一家百年的老店，僅賣冬粉跟豬肉品兩樣食材，用料簡單卻很美味，靠的就是獨特的炭火直燒工序，以一碗簡單不過的豬肉冬粉傳承三代屹立不搖。這年頭用炭火煮東西已經很少見了，但這家古早味的小吃攤「芳德豬肉冬粉」卻使用燒炭的方式來煮烹煮食物，比起瓦斯，炭燒的火侯更加不易掌控，但卻有一種瓦斯煮不出來的獨特香氣，不僅能讓肉品減少腥味、口感更馨香，還能讓湯頭更美味。

### ✤ 檜木攤車上，現點現煮的冬粉

一進店內就能看到鎮店之寶：檜木攤車，早期老闆都是推著這台攤車到廟前賣，直到幾年前才搬至現址，儘管現在的店面僅營業七年，但「芳德豬肉冬粉」卻是傳承百年的老店，目前則是由第三代接手。

檜木推車下方就放著一口爐火，以木炭燃燒著，每一碗冬粉都是採現點現煮，看著老闆熟練的把生冬粉放入碗中，接著把豬肉或豬舌、豬心剪成塊狀，再一起倒入鍋爐中燙熟，幾秒後撈起配點芹菜和酸菜，並舀入一杓熱湯就可以送到客人面前囉！店裡的豬肉品食材皆是老闆每天至傳統市場親自採買的溫體豬，因為肉質新鮮所以不管是豬肉、豬腸或是豬心、豬舌，全部都僅是燙煮就很美味，完全吃不到豬腥味。

### ❖ 湯冬粉清甜，乾冬粉滋味無可取代

店內的冬粉可以搭配白肉、豬心、豬舌、豬肚或是肝連肉，做成湯的可以喝到湯頭的自然鮮甜味，雖然招牌是湯冬粉，湯頭因為不停地燙煮食材所以喝來特別清甜也不油膩。但我認為乾冬粉更能吃出冬粉中散發出的淡淡炭燒味，是無可取代的自然鮮香。

再切上一盤黑白切，價格實在又美味，僅是靠炭火直燒與食材的新鮮度，加上清燙的時間拿捏，讓各項食材口感帶點Ｑ彈又不過於軟爛，百年的老經驗讓這再簡單不過的食材也能吃出好味道。

鎮店之寶就是這台老舊、刻印歲月痕跡的檜木推車

以炭火直燒的方式烹煮清燙，是造就美味的重要關鍵

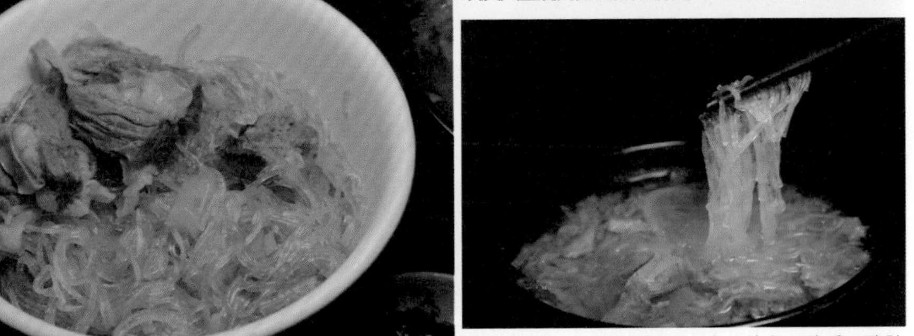

招牌湯冬粉，不管是搭配白肉、豬心、豬舌、豬肚或是肝連肉，湯頭都十分清甜，值得回味

肝連乾冬粉是絕佳好滋味

綜合切肉，一次就能吃到豬心、豬腸、豬肚、豬肉、肝連..等，價格十分親民

每天親自上傳統市場採買的新鮮溫體豬，儘管只是清燙，卻沒有豬腥味，特別是豬肚和豬心吃來口口彈牙帶脆

## 令人意猶未盡的松阪肉

最為老饕推崇的則是「白肉」，就是俗稱的「松阪肉」，即為豬臉頰的部位，一口咬下迷人的脆度與Q彈，讓人意猶未盡。店裡的「白肉」往往中午就賣光了，想一嚐「白肉」的好味道，可得早早來啊！在食安問題日益嚴重的今天，這樣的清燙手法算是在健康不過的吃法了，加上柴燒的傳統手法帶出的好味道，讓「芳德豬肉冬粉」在高雄這個大城市中，依舊能一直傳承下去，值得推薦的好味道！

INFO

**芳德豬肉冬粉**

**地址**：高雄市新興區大同一路 100 號
**電話**：07-2825721
**營業時間**：10:30-15:00，16:30-19:00（售完為止）
**店休日**：週六
**交通資訊**：
搭乘捷運紅線至美麗島站步行約 7 分鐘 （500 公尺）可達。

# 9 香味海產粥

食尚玩家強力推薦在地必吃

說起高雄小吃界的傳奇，位在七賢一路上的「香味海產粥」絕對榜上有名。從原本一家不起眼的小店面，逐漸發展至現在的三棟連棟的透天厝大店面，每天下午四點開門就能湧進滿滿人潮，直至凌晨熄燈打烊聞香而來的客人從沒間斷過，實力堅強，見證臺灣小吃的美妙。

客人習慣像這樣把六大尾的蝦子直接掛在碗邊，一來可以拍照上傳打卡，二來可以讓蝦子變涼方便剝殼

## 料多實在，總是人潮大爆滿

在高雄新興區的海產粥，下午四點不到就有客人在店外等，只見店裡的服務人員熟練的將各類的海鮮料以秤重方式分裝在碗裡，每一碗裝好的食材就是一份海產粥的用料，方便應付營業時大量的客人。因為採現點現煮，所以掌廚的廚師，已練就了可同時煮五碗粥的功夫。

成功絕非偶然，「香味海產粥」最大賣點就是以海鮮用料量多實在，加上新鮮味美，所以能成功征服老饕們的味蕾。儘管人潮總是爆滿，仍堅持每碗海產粥都是現點現做，將最好的美味呈現給大眾。

用一碗爆料海產粥打響名號的「香味海產粥」生意非常好，儘管擁有三家店面大的用餐環境，每天聞香而來的饕客依舊天天大排隊

海鮮食材與筍絲裝滿一碗碗，用料非常地實在

五個爐火齊開才能應付絡繹不絕的客人

### ✤ 香味海產粥要價 165，但分量是一般的 2 倍

「香味海產粥」的海產粥有原味跟味噌口味，雖然一碗要價 165 元，但是分量相當充足，若以女生的食量，足夠兩人分食一碗。雖然稱為「海產粥」但嚴格說起來算是「飯湯」，飯粒口感較粒粒分明，湯頭也比較清澈。裏頭滿滿海鮮料，有六大尾的蝦子，還有蟹肉、小卷、蚵仔、干貝，每口都可以吃的到海鮮，鮮味十足，湯頭喝來有濃郁的海鮮味與柴魚香氣，加上筍絲的香味，甘甜鮮美。

原味海產粥、綜合鹽蒸、炸花枝丸、炸海鮮派，推薦必吃

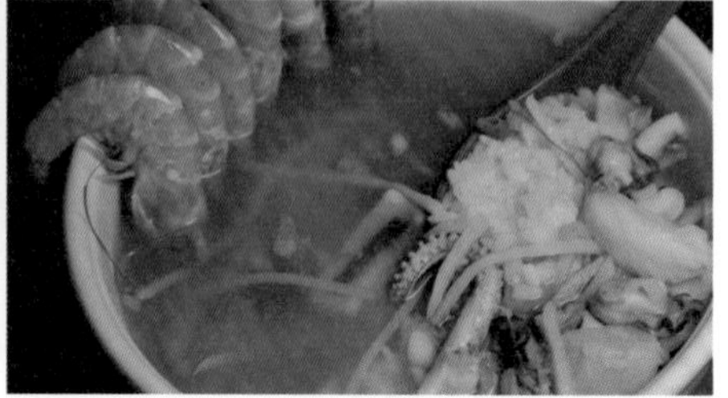

用湯匙往碗底一撈海鮮料真的是滿滿滿，有蟹肉、小卷、蚵仔、干貝呢！

## ❖ 綜合鹽蒸和炸物令人回味無窮

點一盤綜合鹽蒸，即是將海鮮粥裏面的用料以鹽蒸方式料理，海鮮的氣味更明顯，也更能吃出海鮮的爽脆彈牙。「香味海產粥」原有另一招牌為脆皮臭豆腐，但現已停賣，不過喜歡吃炸物的朋友，這裡的炸花枝丸跟炸海鮮派也很值得推薦，像是花枝丸不但吃來有彈性，而且每一口咬下都能吃到大塊大塊的花枝塊，海鮮派外層金黃酥脆吃來口感 Q 彈，入口咬得到整隻整隻的紮實蝦肉和彈牙的花枝塊，讓人回味無窮，值得一嚐。

「香味海產粥」，用一碗超過癮的爆料海產粥打天下，親自嚐過就知道能成為經典的人氣排隊店真不是沒有道理的喔！

以鹽蒸的方式料理更能品嘗到海鮮的鮮味

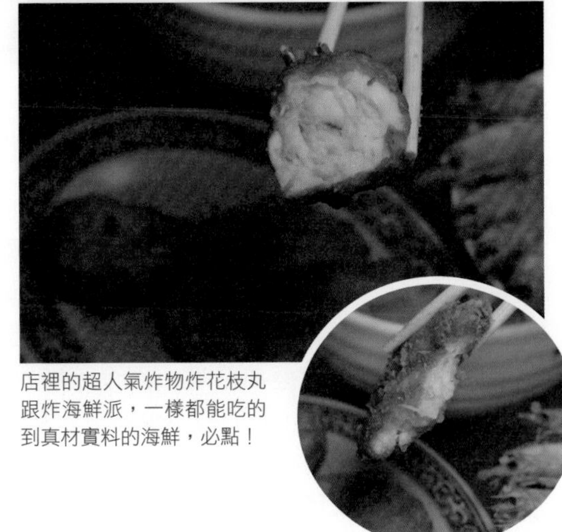

店裡的超人氣炸物炸花枝丸跟炸海鮮派，一樣都能吃的到真材實料的海鮮，必點！

INFO

**香味海產粥**

**地址**：高雄市新興區七賢一路 7 號
**電話**：07 225 5302
**營業時間**：16:00-00:00
**店休日**：無
**交通資訊**：
於高雄車站搭乘捷運紅線（R11）至美麗島站，轉乘橘線（O5），至文化中心站後步行 500 公尺（約七分鐘）即可到達。

## 10 鄭老牌木瓜牛奶

### 六合夜市必喝人氣果汁牛乳店

1950 年代初期開始興起的「六合夜市」可說是高雄市內歷史最悠久的代表性夜市，因為交通方便，加上可用徒步的方式品嚐各種港都特色美食及高雄市政府的用心推廣和行銷，使「六合夜市」享譽國際，躍身為國際級「六合國際觀光夜市」。

店家必喝的木瓜牛奶，香醇濃郁

### 鄭老牌木瓜牛奶傳承三代，人氣超高

早期「六合夜市」吸引世界各地的觀光客前來，後來因部分店攤餐點價格飛漲、高雄觀光退潮、瑞豐夜市興起……等問題，讓「六合觀光夜市」退燒、人潮也減少許多，近期因韓流熱潮才又再次興起、變得熱鬧起來。「六合觀光夜市」裡可以吃到不同的港都小吃、臺灣經典料理。而今天特別來推薦的，就是這家「鄭老牌木瓜牛奶」，是間被不少老饕欽點必喝的高雄老牌店家！

「鄭老牌木瓜牛奶」始於 1965 年，現已傳承到第三代，是六合夜市裡人氣最高的店家。店家必喝的就是「木瓜牛奶」，喝起來濃郁香甜，奶香十足且特別順口，讓人不知不覺整杯喝光光呢！

### ✤ 石蓮花汁和番茄切盤值得推薦

「鄭老牌木瓜牛奶」還有一種很特別的果汁——「石蓮花汁」，整杯深綠色的外觀，本以為是蔬菜味濃郁的蔬果汁，沒想到喝起來是酸甜的果汁感，完全沒有菜腥味，特別又好喝，務必試試！除了各種果汁外，還有新鮮水果切盤。南部必吃的「番茄切盤」，使用的是當季番茄，搭配特殊的薑汁沾醬，可以說是水果盤的傳奇。「鄭老牌木瓜牛奶」的沾醬已經事先調製好，而不像有些店家是讓你自己把醬汁內的各種調味料攪拌均勻，看起來深褐色的醬汁，品嚐起來有薑的香氣、滋味甜中帶鹹，擁有讓番茄吃起來更加涮嘴的魔力！

來到六合夜市，務必來到「鄭老牌木瓜牛奶」，你除了能喝到香醇的木瓜牛奶、品嚐新鮮水果切盤外，還能感受老闆用多國語言招呼路過店攤觀光客的熱情活力喔！

「六合國際觀光夜市」可以一次吃到多種在地美食，值得一逛

石蓮花汁，獨特又好喝，酸甜滋味讓人一喝就愛上

薑汁番茄切盤，來南部旅遊必吃

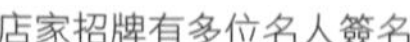
店家招牌有多位名人簽名

攤位外擺放著各種當季水果，都可點用，如：冬天必吃的草莓，為店家特別精選的臺灣在地高品質水果，還有少見的石蓮花

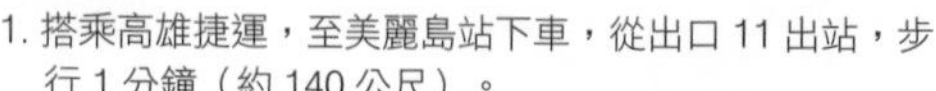


## 鄭老牌木瓜牛奶

官網

**地址**：高雄市新興區六合二路 1 號
**電話**： 07 286 3074
**營業時間**：17:00-02:00
**店休日**：無
**交通資訊**：

1. 搭乘高雄捷運，至美麗島站下車，從出口 11 出站，步行 1 分鐘（約 140 公尺）。
2. 自行開車：國道 1 號 - 高雄交流道（中正路出口）下 - 中正一路至中正三路 - 中山一路 - 六合二路。

# 11 宇治・玩笑亭

## 抹茶霜淇淋的驚喜口味

「宇治・玩笑亭」位於新興區尚義街巷弄內，號稱高雄在地人才知道的隱藏版日式霜淇淋店，到現場果然有許多熟門熟路固定來品嚐的常客，而且幾乎都是點抹茶霜淇淋，可見受歡迎的程度，若你是位「抹茶控」更是非來不可！

丸久小山園抹茶火龍果杯

### 選用日本京都知名抹茶品牌製作霜淇淋，每次都有新花招

店內每日提供招牌宇治抹茶霜淇淋與一項隨機驚喜口味，前一晚會在官方粉絲專頁公告明日的驚喜口味，讓你每次來都有新花招。

「宇治・玩笑亭」的日式抹茶霜淇淋之所以受大家喜愛是因為選用的是京都宇治高級抹茶「伊藤久右衛門」和「丸久小山園」，這２間皆是知名日本百年抹茶老店，也是日本抹茶的專家。當然還有老闆職人級的手藝，讓抹茶濃郁不苦澀，甜度掌握恰到好處，才會有一吃就愛上的魔力！

除了抹茶寒天固定使用丸久小山園外，每日選用伊藤久右衛門或丸久小山園製作霜淇淋，我們吃到的是丸久小山園抹茶霜淇淋和雪塩牛乳（驚喜口味），２種都想吃就可選綜合口味。先選擇甜筒或杯裝，在自由加購加料區，搭配出屬於自己最愛的霜淇淋組合。

手刷抹茶是平日限定菜單

雪塩牛乳草莓片杯

### ❖ 新鮮水果霜淇淋，創意十足

如果夠幸運遇到臺灣水果盛產的季節，就有機會吃到用新鮮水果當水果杯的創意新吃法，像圖中的抹茶霜淇淋和火龍果結合的「丸久小山園抹茶火龍果杯」。老闆也曾用過西瓜、芒果……等當新鮮水果杯盛裝，皆是吸睛度百分百的視覺系冰品，邊吃霜淇淋邊挖果肉吃，創意和新鮮感十足。

### ❖ 雪塩牛乳和特濃抹茶拿鐵好吃又好拍

「雪塩牛乳」微鹹不過甜，加草莓片馬上變身為網美霜淇淋，好吃又好拍！平日限定「抹茶1+1」：特濃抹茶拿鐵、傳統手刷抹茶（附伊藤久右衛門抹茶巧克力）。可現場看老闆專業手刷熱抹茶，並搭配臺東知名的初鹿鮮乳調製的冰特濃抹茶拿鐵，一冰一熱雙重享受，用伊藤久右衛門抹茶巧克力作為茶道體驗的和菓子，每個細節都相當講究。

記得到訪前先瀏覽官方粉絲專頁，先看看是什麼口味喔！

日式風格文青小店

現點現擠丸久小山園抹茶霜淇淋

桌上的手繪菜單

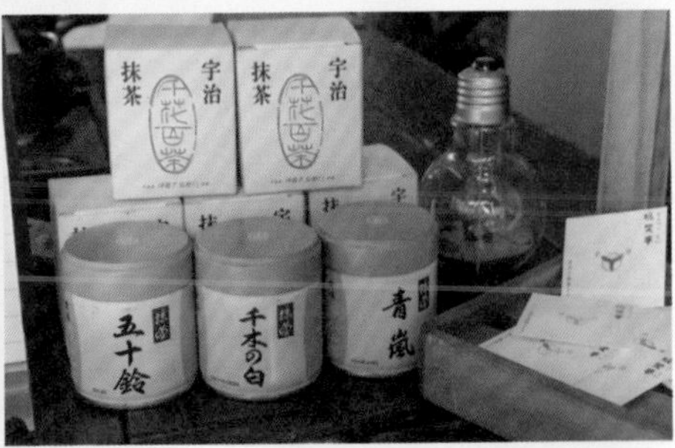

抹茶粉選用京都宇治的伊藤久右衛門、丸久小山園

平日限定「抹茶 1+1」（特濃抹茶拿鐵 + 傳統手刷抹茶）

特濃抹茶拿鐵

INFO

## 宇治・玩笑亭

**地址**：高雄市新興區尚義街 148 號
**電話**：無
**營業時間**：12:30-22:00
**店休日**：週一、週二
**交通資訊**：

1. 搭乘 76、77、77 區間車、82A、82B、168 東、紅 21 號公車，至和平一路站下車後，步行 3 分鐘。
2. 搭乘捷運橘線於文化中心（O7）下車，從 1 號出口出站，步行 4 分鐘。

官網

Part 3

# 鹽埕區/左營區/三民區 推薦美食

Kaohsiung

鹽埕區／左營區／三民區的食物，有家常的好味道，有親民的好價格，你可以先嘗嘗「鴨肉本」的鴨肉冬粉，濃醇湯頭加香Q冬粉滋味一級棒，春夏也別忘記來吃一碗消暑的阿婆仔冰，清爽自然的滋味絕對讓你回味無窮，還有「超市火鍋」、「小市民春捲」、「吳記湯餃」……，都是你到高雄旅遊不可錯過的美食喔！

# 1 鹽埕區的鴨肉本

## 好滋味的鴨肉冬粉

位於鹽埕區富野路上的「鴨肉本」，同樣是在地老饕所推薦的熱門小吃，初創時期是由兄弟 3 人合力經營「鴨肉珍」（原新樂街老字號），而「鴨肉本」是分家後出來開設的店。

店裡各種豐富的食材

### 在地排隊好滋味，一桌難求的客滿狀況是日常

現由四弟經營並稱之為「鴨肉本 二老闆の店」，每到用餐時間排隊點餐人潮不間斷，尤其是在「韓流」加持下，店內店外用餐桌更是呈現客滿狀況，一桌難求。看到烹煮檯上的鴨肉和食材配料，以及老闆賣力的剁著鴨肉就讓人食慾大增！那要如何點餐呢？鴨肉本採上菜付款，想內用的朋友需先找到空位（記住桌號）再來排隊點餐，餐點上桌即需要付清餐費。

### 在地老饕推薦必吃的鴨肉和鴨血

到鴨肉本必吃的是鴨肉和鴨血，而將這 2 道菜色好吃到成為高雄市長就職宴會的菜單，可見美味的程度。

「鴨肉切盤」採整隻現剁的帶皮鴨肉，鮮嫩多汁不乾柴，還越嚼越香，這絕對是饕客級平民美食，若是再點碗肉燥飯來搭配更滿足，除了肉燥飯，也可選擇鴨肉飯，可吃到鴨肉片淋肉燥，一次雙享受！

在這裡吃到的「鴨血」，相當平價，一份只要 20 元（價格以現場公告為主），Q 綿紮實，沾點醬油再夾點薑絲更夠味。

「鴨肉冬粉湯」濃醇清甜湯頭，冬粉吸飽湯頭，香 Q 味美，冬粉湯還可以免費續湯，不少高雄在地人來用餐都必點一碗冬粉湯搭配著吃。在鴨肉本用很親民的價格就可以飽嚐鴨肉料理，不愧是人氣排隊名店。

乾鴨血紮實且口感 Q

老闆與韓市長合照

鴨肉冬粉（湯）、鴨肉切盤、肉燥飯、鴨血（乾）

令人食指大動的鴨肉切盤

鴨肉本店外觀座無虛席

店員現剁鴨肉的過程

肉燥飯

來碗有湯的鴨肉冬粉，一飽口福

## 鴨肉本二老闆の店

官網

**地址**：高雄市鹽埕區富野路 107 號
**電話**：07 531 4630
**營業時間**：10:00-20:30
**店休日**：不定期公休
**交通資訊**：

1. 搭乘 88、88 延駛市議會、88 區間車號公車，至 [ 鹽埕分局 ] 站下車後，步行 3 分鐘。
2. 搭乘 56、56 區間車、219A、219B 號公車，至 [ 電力公司（鼓山）] 站下車後，步行 6 分鐘。
3. 搭乘捷運橘線於鹽埕埔站（O2）下車，往 3 號出口出站，步行 10 分鐘。
4. 自行開車，國道 1 號的 362- 鼎金系統出口下交流道，走國道 10 號接著都會快速公路（臺 17/ 翠華路），於西藏街向左轉，在第 1 個十字路口向右轉走馬卡道路，於河西一路向右轉再接續建國四路直行，在富野路向左轉，即可抵達。

2

# 阿婆仔冰

## 在地百年古早味冰果老店

炎炎夏日到高雄必來碗清涼古早味剉冰，尤其要來品嚐高雄純手工、無添加物的「阿婆仔冰」，從 1934 年開店歷經 80 多個年頭，店內牆面保留著歷年來各大媒體的採訪報導，同時也記載著阿婆仔冰的歷史歲月。

店面外觀平實卻不失溫馨的氣氛

### 鹽埕區必吃的阿婆仔冰，已經傳承三代

位於鹽埕區七賢三路的阿婆仔冰，目前已由第三代經營。阿婆本名為蔡固，開店初名為「新生號冰果店」，當時高雄女中學生喜歡稱老闆為「阿婆仔」，故之後改名為「阿婆仔冰」。長期以來，選用上好原料以純手工製造、不加任何色素香料，連自家所用的醃製酸甜漬物（李鹹、芒果青…等），都是純手工，一直深受高雄人的喜愛。

用餐環境寬敞乾淨

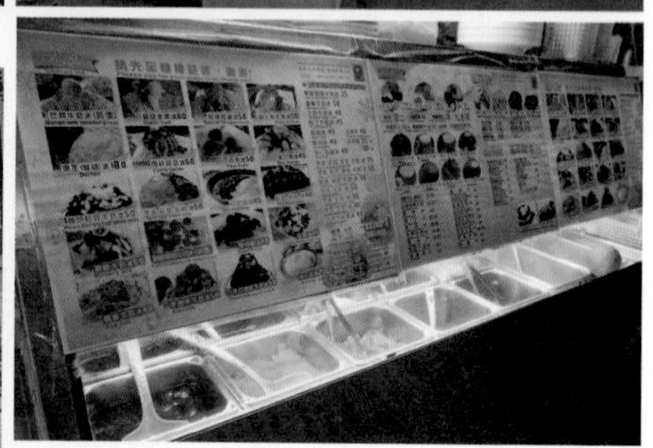

點餐檯上面的冰品種類多

歷年來媒體採訪報導

招牌阿婆冰看了連眼睛都消暑

### ✤ 推薦必吃的招牌阿婆冰

人氣「招牌阿婆冰」是由阿婆自創的天然火龍果甜醬，將透明碎冰染上繽紛的紫紅色，加入醃製李鹹、楊桃、鳳梨、芒果青，再依照季節搭配當季盛產的幾樣水果就成了店內最受歡迎的招牌阿婆冰，其中我最喜歡芒果青的微酸脆甜口感，整道冰品吃起來清爽自然的酸甜好滋味，讓人幸福感上身，喜歡傳統古早味剉冰的朋友，推薦必定要品嚐看看。

新鮮草莓牛奶冰讓人愛不釋手

碳烤麻糬 Q 軟可口，絕妙好滋味

### ❖ 不要錯過新鮮草莓牛奶冰和碳烤麻糬

每個季節所推出的新鮮水果冰品也是必吃的冰品之一，12 月到 4 月盛產的草莓所製作而成的「新鮮草莓牛奶冰」，最受女孩們的喜愛，冰品鋪滿鮮紅草莓加上一球草莓冰淇淋，吸睛度百分百，鮮甜微酸，令人愛不釋手，到了 5 月 ~8 月的芒果牛奶冰，也是熱門冰品！

愛吃麻糬的朋友，記得再來上一份「碳烤麻糬」，現點現烤，淋上特製甜醬再沾上黑芝麻粉和花生粉，Q 軟焦香。到了冬天，阿婆仔冰也會因應天氣推出：紅豆麻糬湯、紅豆圓仔湯、燒仙草，溫暖你的心。

INFO

**高雄百年老店 阿婆仔冰**

官網

**地址**：高雄市鹽埕區七賢三路 150 號
**電話**：07 551 3180
**營業時間**：09:30-00:00
**交通資訊**：

1. 搭乘 33、76、77、82A、82B、99、219A、219B、248、248 區間車、248 西子灣區間車、248 火車站發車號公車，至大公路站下車後，步行 2 分鐘。
2. 搭乘捷運橘線於鹽埕埔站（O2）下車，往 3 號出口出站，步行 6 分鐘。
3. 自行開車：國道 1 號的 367B- 高雄出口下交流道，繼續走中正一路，再走中正二路、中正三路和中正四路，接著走大公路看到七賢三路左轉，即可抵達。

臺灣首創火鍋超市原始店「祥富水產」，由高雄前鎮漁港的船隊直營。主打新鮮超市火鍋，用餐方式獨特。

冷藏櫃多達 70 種以上海鮮肉品…等食材

## 產地直送生猛海鮮，享受逛超市吃火鍋的樂趣

祥富水產以漁港直送的時令海鮮、產地直送生猛海鮮，減少各層盤商中間利潤差價來回饋顧客，加上批發價格的嚴選肉品、各式蔬菜、火鍋料，掀起臺灣超市火鍋的熱潮！主打價格比超市更便宜、食材更新鮮，店內冷藏櫃擁有多達 70 種以上的豐富食材，讓你拿著菜籃像逛超市一樣挑選自己喜歡的食材，現挑現煮，樂趣十足！

### ❖ 收費平實，感受漁場用餐氣氛

「祥富水產」店內的裝潢是簡約工業風格設計，灰色仿鏽鐵椅和舒適沙發，牆面海鮮拓印畫和復古工業船燈，讓人感受在漁場用餐的氣氛。

店內的收費方式也很平實，大家可先在自助區自行取用需要的食材，然後前往結帳，結帳依現場用餐人數來收取鍋底沾醬費（$30/位），就能無限享用大白菜、洋蔥、沙茶炒香後加入柴魚高湯的沙茶火鍋湯底，以及自助區的沾醬，當然也可以自行續湯底，用餐時間限時 1.5 小時。

祥富水產於彩虹市集的位置

現場手機簡訊候位，可隨時連結查看候位狀況

帶位→挑選→結帳，每人酌收 $30 高湯沾醬費

餐廳選用安全性高的 IH 爐

拿著籃子像逛超市，由客人自行挑選

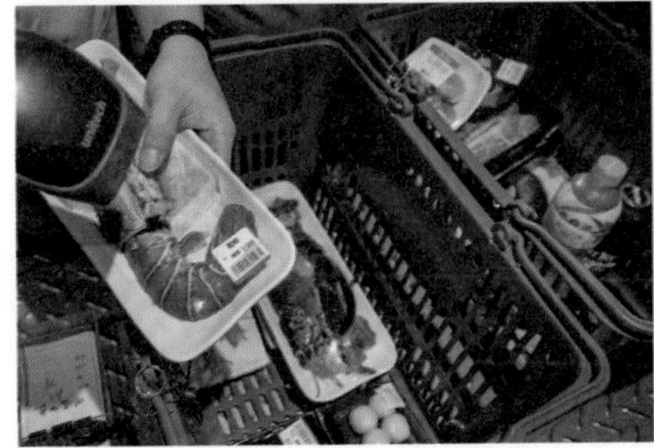
選好食材到櫃檯結帳

放滿桌的新鮮海鮮肉品蔬菜，十分平價

日本 A5 和牛雪花、西班牙伊比利豬、美國無骨牛小排

用餐環境

波斯頓龍蝦、龍蝦

野生大干貝、日本廣島生蠔、蛤蠣皆在百元內

## 採現場候位，經常客滿

用餐方式採現場候位（無電話預約訂位），當第一批顧客坐滿後，開始採櫃檯登記候位，會以手機簡訊傳送號碼與連結，讓顧客可隨時查看候位狀況。由於高 CP 值海鮮吸引大批饕客，每到用餐時間，很快就客滿，隨時有候位人潮，建議避開用餐時間，或是於 11 點開始營業就準時到店排隊，才不會撲空！推薦必吃的有：波斯頓龍蝦、龍蝦、野生大干貝、日本 A5 和牛雪花、西班牙伊比利豬。

INFO

**祥富水產 新光三越左營店**

**地址**：高雄市左營區高鐵路 115 號 4 樓（新光三越彩虹市集 4F）
**電話**：採現場登記，不開放電話預訂
**營業時間**：11:00-22:00
**店休日**：無
**交通資訊**：

1. 搭乘 3、3 繞、90 民族幹線、16A、16A 繞、16B、紅 50、紅 50 公車式小黃號公車，至左營新光三越。
2. 搭乘捷運紅線於左營站（R16）下車，往 1 號出口方向左轉出站即可抵達。
3. 搭乘火車，臺鐵至新左營站下車，2 號出口出站即可抵達。
4. 搭乘高鐵至左營站下車，往 2 號出口出站即可抵達。

官網

# 4 菜市仔嬷左營汾陽餛飩

傳承一甲子好味道

來到左營絕不能錯過就是古早味餛飩和鹹湯圓，由第一代郭謝甚阿嬷的傳統好手藝，是 60~70 年代左營在地人與國軍弟兄最愛的平民美食。目前傳承到第三代，在左營已飄香 60 多年，也在 2014 年正式註冊商標為「菜市仔嬷左營汾陽餛飩」。

左營餛飩手工包製成三角型，皮 Q 肉香是店內的人氣 NO.1

## 左營古早味餛飩，年輕人也喜愛

從西元 1953 年在左營第二公有市場入口開始營業，到 2017 年 6 月公有市場拆除後，移至現今左營大路 110 號，將傳統市場小吃，成功轉型為記憶裡的老品牌，「老店新開」簡約文青的用餐空間，同時吸引大批年輕族群的喜愛，加上冷氣全天開放，顧客可以舒舒服服享用熱騰騰的左營餛飩和鹹湯圓。

餛飩湯、鹹湯圓、乾拌辣餛飩、富貴麵

從店面外觀就可看出店家的用心

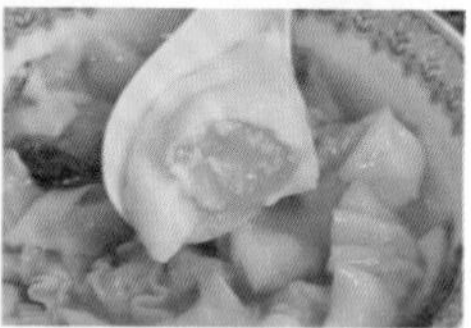

加顆水波蛋的滿足度大提升

香辣帶點醋酸的乾拌辣餛飩

阿嬤祕制特製辣椒醬

用餐環境

半開放式廚房，現點現煮

### 一試成主顧的餛飩湯和乾拌辣餛飩

「餛飩湯」選用每日新鮮豬後腿肉和獨家配方，堅持60年不變的黃金比例，專業手工包製，皮薄Q且有嚼勁，內餡更是肉香紮實，沾點新鮮辣椒製成的「阿嬤祕制特製辣椒醬」，香辣又對味，美味到要連吃好幾顆才停口，記得要加顆水波蛋，半熟的蛋黃讓美味度加倍！嗜辣族或愛吃紅油抄手的朋友可試試「乾拌辣餛飩」，蔥花和自製醬汁融合拌勻，獨門辣油帶點醋酸味，開胃好食，是左營餛飩的新吃法。

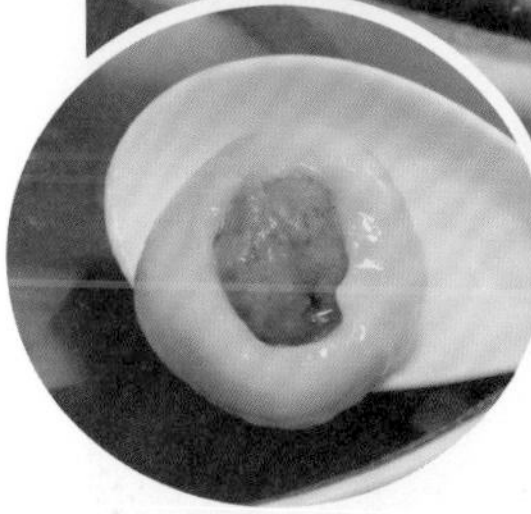

鹹湯圓（古早味香菇湯圓），咬開呈現粉嫩多汁的內餡

樸實美味的富貴麵

### ❖ 古早味香菇湯圓和富貴麵也值得品嚐

菜市仔嬤60年傳承的精華，在鹹湯圓完美呈現，圓滾滾澎皮的「古早味香菇湯圓」，Q香糯米外皮和鮮美粉嫩肉餡，一吃就愛上，湯圓也是臺灣人在元宵、冬至時的應景傳統美食，有來一定要試試！

簡單的「富貴麵」用小條自製手打烏龍麵搭配獨家拌醬和青蔥，烏龍麵Q彈、拌醬入味不過鹹，邊吃邊散出蔥花清香，分量恰到好處，吃富貴麵再來一碗餛飩湯，是在地左營人的基本套餐。左營富有人情味的美食老店，一起讓阿嬤的好滋味繼續留傳下來吧！

INFO

**菜市仔嬤左營汾陽餛飩 左營總店**

官網

**地址**：高雄市左營區左營大路110號
**電話**：07 581 0088
**營業時間**：06:30-23:30
**店休日**：無
**交通資訊**：

1. 搭乘6、29A、29B、39、73、205、205區間車、217A、217D、217E、218A、218B、219A、219B、245A、245B、301A、301B、8015、8017、8021、8043、紅51A、紅51B、紅51C號公車，至左營農會站下車後，步行1分鐘。
2. 自行開車，走國道一號於362-鼎金系統出口下交流道，走國道10號朝左營前進，接著走都會快速公路，沿翠華路（西部濱海公路/臺17線）和勝利路前往左營大路。

## 5 龍華市場小市民春捲

### 健康的清爽美味

我讀高雄醫學大學時，學校附近開了一家「小市民春捲」，我每週都會買來吃幾次，尤其是夏季天氣很熱，讓人食慾不振時，這家春捲絕對是最佳的選擇，清爽健康又美味。」

春捲皮可挑選：全麥／紅麴口味

### 左營區的小市民春捲，全麥、紅麴口味健康零負擔

畢業幾年後，曾回去找尋店家，卻發現店家已消失，心中默默惆悵了許久。後來，終於找到當初的春捲阿姨，就在左營區的龍華市場內；小小的龍華市場裡可是有不少美食店家臥虎藏龍呢！

位置顯眼的「小市民春捲」，就在市場靠近馬路邊的第一排店家，大紅色招牌有春捲兩字，可葷、可素，在高雄是蠻受歡迎的全麥與紅麴春捲。店家主打高纖、低脂、低鹽、健康無負擔，尤其深受輕熟女的喜愛！

### ❖ 配料豐富，採低油水煮烹飪

「小市民春捲」跟一般店家最大的不同，在於春捲裏頭的配料加上大量的水煮青菜，吃起來完全不油膩。其春捲配料豐富，有：肉鬆、豆干絲、菜餔、高麗菜絲、香腸⋯⋯，還有少見的金黃蛋酥，春捲皮則有：全麥、紅麴兩種選擇。全部的配料，多是低油或水煮烹飪，低熱量組合讓我們怕胖的人也能吃的安心。他們家的春捲使用的是特殊比例調製的芝麻糖粉，甜度適中，重點是撒上些許糖粉後，還會用乾爽的水煮菜鋪蓋其上再捲起來，所以春捲皮放久也不會濕掉、青菜也不易出水。店家很貼心地也提供客製化服務，可製作葷、素春捲，配料和糖粉也能依照顧客的需求調整搭配，不變的是同樣的超大分量一大捲，小鳥胃女孩一捲可是要分兩餐吃呢！務必來試試這家「龍華市場小市民春捲」，保證顛覆你對春捲的傳統印象。

滿滿的豐富配料，清爽健康又有飽足感

店家外觀

小市民春捲配料豐富多種，青菜水煮後還會特別吹風、口感更乾爽

**INFO**

**龍華市場小市民春捲**

**地址**：高雄市左營區忠言路 60 號
**電話**： 07 558 1646
**營業時間**：週一 ~ 週五 07:00-19:00 / 週六 07:00-14:00
**店休日**：週日
**交通資訊**：

1. 搭乘紅 33 號公車於南屏別院站下車後，步行 1 分鐘（約 62 公尺）。
2. 搭乘高雄捷運，至凹子底站下車，從出口 4 出站，步行 8 分鐘（約 550 公尺）。

## 6 好朋友拉麵館

### 學生們的後廚房

提到高雄醫學大學附近熱河一街的「好朋友拉麵館」，不得不說是我大學四年的媽媽廚房，一週 7 天我幾乎有 4 天都在這家小餐館覓食，簡單的家常美味，銅板價格就能吃飽，是許多在外學子的愛店。

店家外觀和環境，給人自家廚房的氛圍

## 位於三民區，上班族、學生的最愛

「好朋友拉麵館」一直都非常低調，阿姨和老公安靜地煮著一道道家常麵、肉燥飯，也過了好幾十年，隨著阿姨的頭髮漸漸白了，不變的是那充滿母親煮的家常好味道！

這家店的兩側鄰居是高雄三民區的火紅店家：小雅茶鋪、上海生煎湯包，相較於兩側店家的超高人氣、大排長龍，兩家熱門夯店間的這家「好朋友拉麵館」則是一、兩組的客人，有的是上班族、有的是三兩結伴而來的學生，或是下班後來包便當的媽媽們，人潮雖不到絡繹不絕，但也吸引想要不排隊、想吃簡單料理的人們。

### ✤ 每日限量麻婆豆腐最受歡迎

店家主要販售家常口味的飯、湯、麵、餃類，也有現切滷味。他們家最讓人喜愛的，就是每日限量的「麻婆豆腐」，可選擇搭配飯或麵，可説是「好朋友拉麵館」的招牌菜色！店內的麵食有六種麵條可挑選：寬版 / 中版拉麵、刀削麵、陽春麵、麵線、粄條，如果你愛吃麵，這裡一定會奪得你的芳心！我最愛麻婆豆腐拌麵，味道濃郁的麻婆豆腐，醬汁的鹹甜辣度適中，非常開胃又下飯，搭配滿多的豆腐丁，吃起來是大大的飽足和滿足。

麻婆豆腐飯 / 麵，是店家的人氣餐點，每日限量，晚來就吃不到

店內也有多種家常滷味小菜

手工拉麵，有著獨特的勁道和 Q 彈口感

## ✤ 簡單肉燥飯也有家常的媽媽味道

這類家常餐館的基本必備餐點就是「肉燥飯」，簡單的肉燥飯，吃起來卻讓人想念。店家的肉燥以瘦肉為主，吃起來清爽、不油膩，卻也不柴口，搭配甜甜的懷舊酸菜，就是古早好滋味。還記得大學時期，為了想存錢，我常常來到「好朋友拉麵館」點個肉燥飯，再來顆滷蛋、滷豆腐，靜靜地享受這家常的媽媽味道。

早期的「好朋友拉麵館」，客群多為學生，店家貼心提供免費加飯、加麵的服務，對手頭不寬裕的學生來說，是個福音，銅板的價格就能吃好又吃飽。現在為了避免食材的浪費，加上成本的提高，雖加量需加價，但家常的好味道讓店家在熱河一街上仍屹立不搖存在著，也讓許多在高雄醫學大學畢業多年的學生，仍會回去找尋這溫暖的滋味。

店家推出肉燥飯套餐，經典的肉燥飯、蛋、菜、油豆腐，搭配筍絲湯，是年輕學子最愛的家常滋味

INFO

**好朋友拉麵館**

**地址**：高雄市三民區熱河一街206號

**電話**：07 312 3972

**營業時間**：11:00-20:15

**店休日**：週五

**交通資訊**：

搭乘 28、33、53B、8008、8009、8023、8040、8041A、E08、E25、E28、E32 號公車於高醫（十全路）站下車後，步行 3 分鐘（約 280 公尺）。

官網

## 7 LiLiCoCo 滷味

### 吉林夜市中的人氣滷味攤

「吉林夜市」是高雄三民區居民覓食的好所在，其中有間人氣店攤，只要開始營業，總吸引絡繹不絕的顧客購買，堪稱「吉林夜市必吃美食」，這家超人氣滷味攤就是「LiLiCoCo 滷味」。受歡迎的原因，除了多達 50 多種滷味可選，還有記憶力超強、風趣健談的老闆。

店家老闆風趣可愛又健談，還擁有超強記憶力

### 讓人越吃越涮嘴的「LiLiCoCo 滷味」

求學時期每次路過「LiLiCoCo 滷味」，都會被店家飄散而出的熱騰騰香氣所吸引，琳瑯滿目的滷味，總讓人不知如何選擇。這時，你可以問問老闆，老闆會笑瞇瞇地跟你說今天的蘿蔔很甜很好吃、特製滷大腸必吃，無論你點了什麼，不須紙筆，店老闆都記在腦海裡！「LiLiCoCo 滷味」的滷汁有著南臺灣特有的香甜滋味，謎樣的魔力，讓人越吃越涮嘴。

滷味選擇多達 50 種

每日手炒酸菜，是滷味的人氣調味料

特調香辣醬汁，甜辣開胃，增添香氣

滷味、蔬菜和冬粉，就是豐盛的一餐

### ✤ 常見的滷味食材和獨特的滷製品滿足大眾需求

除了一般常見的滷味食材、火鍋料外，店家也有一些獨特的滷製品，如：滷煙燻豆皮、豬雜、鴨翅、鴨腱頭……等，滷韓國年糕也深受喜愛。店家的新鮮蔬菜的選擇也不少，當季蔬菜、厚實大香菇、金黃玉米……，可補充一天的纖維需求。除了選擇自己喜愛的配料，特別推薦必點的「冬粉」，Q 彈透明的冬粉吸附了特調香甜醬汁，搭配古早味酸菜，再來些自製辣椒醬汁，入味又有飽足感，每一口都是幸福滋味！

現在「LiLiCoCo 滷味」已傳承至第二代，仍是吉林夜市的人氣滷味攤，靠的不僅是店家實在的滷味食材和多種選擇，更是兩代傳承、堅持耗工製作的每日手炒酸菜和祕密特調辣椒醬汁。

冬粉，是人氣主食，吸附滿滿的醬汁，涮嘴又飽足

當季蔬菜新鮮且份量不少

LiLiCoCo 滷味的最大特色，就是那香甜醬汁和酸菜

特別推薦必點滷味：玉米筍、鴨米血、鴨腱頭、年糕

INFO

### LiLiCoCo 滷味

**地址**：高雄市三民區吉林街 142 號
**電話**：0931 711 839
**營業時間**：17:00–23:00
**店休日**：無
**交通資訊**：
搭乘 28、53、92、8008、8009、8023、8040、8041、E08、E25、E28、E32 號公車於三民國中站下車後，步行 2 分鐘（約 150 公尺）。

店家招牌酸菜，香甜中帶有微微辣感，是很受歡迎的古早味配菜

# 8 大港飯糰

## 高醫人氣早餐，鹹蛋飯糰必吃

高雄「大港飯糰」為之前位於高雄醫學大學後門的人氣早餐店，後因家庭因素分家，目前有山東街、正興路兩家，據說兩家味道略有差異，環境氛圍也不同。今天介紹的為分家後的新店面，其位於正興路，用餐環境較佳、人潮也更多。

騎樓外的飯糰製作區，可以看到飯糰的多種配料，店員捏飯糰的手不曾停歇

## 主打招牌鹹蛋飯糰，口味獨特

「大港飯糰」除了各種口味的飯糰，還有蛋餅、漢堡……等早餐，但是大家最愛的還是招牌飯糰。來到「大港飯糰」，店家騎樓永遠是大排長龍的景象。如果你是想吃飯糰以外的餐點，可直接入內跟櫃台點用，也比較不需要等待。

「大港飯糰」主打「招牌鹹蛋飯糰」，店家使用整顆鹹蛋入菜，讓飯糰品嚐起來多了鹹蛋黃獨有的香氣和鹹味；有的店家只取鹹蛋黃，「大港飯糰」則是鹹蛋黃和蛋白都有夾入使用，所以飯糰的整體鹹度適中，也多了微微沙感。不吃鹹蛋的，建議可點選「滷蛋飯糰」。

「大港飯糰」除了主要配料外，還有菜脯、肉鬆、酸菜及金黃老油條，咬到油條時口感很酥脆！飯糰分量亦不小，銅板價就能得到大滿足，不僅獲得高醫學生、附近住戶的青睞，還曾有電視節目專訪喔！

店家的蛋餅也很受歡迎，跟一般市售蛋餅不同，這邊為古早味的麵糊蛋餅，直接使用麵糊來製作，較具厚度，口感上也比較有彈性，吃起來 QQ 的。我特別推薦：九層塔蔬菜蛋餅，吃得到九層塔的香氣，還有玉米粒，吃起來很不錯！

店家外觀：總是大排長龍的景象

店家的麵糊蛋餅，也是受歡迎的古早味道

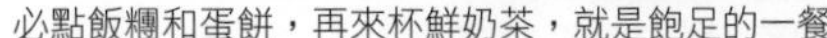

必點飯糰和蛋餅，再來杯鮮奶茶，就是飽足的一餐

九層塔蔬菜蛋餅，麵糊蛋餅表面熱煎的微微赤赤，軟酥帶彈，九層塔香氣誘人

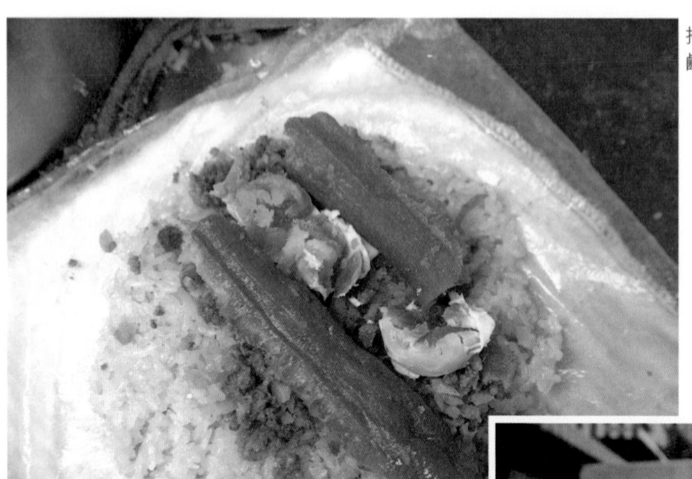

招牌鹹蛋飯糰，可以吃到整顆鹹蛋，老油條增添酥脆口感

鮮奶茶，擁有香醇乳香

INFO

### 大港飯糰

**地址**：高雄市三民區正興路 158 號
**電話**： 07 380 8501、0926 667826
**營業時間**：05:40-11:30
**店休日**：無
**交通資訊**：

1. 搭乘 33、紅 29 號公車於建興停車場站下車後，步行 4 分鐘（約 290 公尺）。
2. 搭乘 33、53、8008、8009、8041、8049、紅 29、紅 30、黃 1 號公車於建工路站下車後，步行 2 分鐘（約 140 公尺）。

9

# 吳記湯餃

高醫學生必吃的超人氣湯餃店

說到泰安街的「吳記湯餃」，高雄醫學大學的學生沒有不知道的，我十多年前念書時偶爾就跟同學去吃，印象中那時的店家外觀很不起眼，就如一般學區內的便當店一樣空間不大、但環境乾淨。

店家環境帶點懷舊的文藝氣息

## 數十年的吳記湯餃，承載許多學生的回憶

相隔十年以上再回來尋找記憶中的店家，「吳記湯餃」仍是以前的模樣：透天老房子，騎樓是復古的洗石子地板，微微褪了色的店家招牌，晚上去會覺得這是很不顯眼的招牌，以至於很多人第一次來吃，常常走過卻看不到。有歲月痕跡的店內環境，卻看的出來老闆用心照顧。白色牆面、紅色長桌、塑膠椅，乘載了很多人的學生回憶。牆面上掛上舊時代國外電影巨幅海報，帶些衝突的文藝氣息美感。

大碗鮮蝦湯餃，適合共享

因為太多客人詢問，老闆都會主動告知醬料瓶盛裝的內容物：「長的醬油短的醋」

### ✤ 用餐的共同記憶，長的醬油短的醋

「吳記湯餃」全店餐點只有四種品項：鮮蝦湯餃、咖哩飯、炸排骨飯、鼓汁排骨飯／麵，一賣就是數十年，低調的好味道，總是有種迷人的魅力，讓人久久就會想念。來到這裡，必點的就是「鮮蝦湯餃」，有大、中、小碗，僅是顆數不同的差異，大家可以依照自己的食量來點選。如果你是點湯餃，老闆會馬上送上湯勺和醬料碟，說上一句：「長的醬油、短的醋」，意指桌上的醬汁瓶，老闆的口頭禪是每個學生來用餐時的趣味，也是對店家共同的記憶！

「鮮蝦湯餃」的尺寸比一般湯餃還要大顆，外皮較厚，口感Q彈，裡頭的肉餡吃得到蝦肉的鮮甜，可搭配桌上的菜脯、辣椒，味道更是一絕！「吳記湯餃」沒有誇大的手藝，憑靠的是真材實料的家常呈現，樸實卻雋永的味蕾記憶，擄獲高醫學生的心，很多畢業生離校後數年還是會回來品嚐這想念的滋味，聽聽老闆說聲「長的醬油短的醋」。

搭配黑醋，酸香清爽

鮮蝦湯餃，皮彈肉多，還吃的到蝦肉

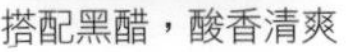

## 吳記湯餃

**地址**：高雄市三民區泰安街 26 號

**電話**： 07 311 8928

**營業時間**：11:00-14:00、17:00-19:30
（週五僅營業到 14:00）

**店休日**：週六

**交通資訊**：

1. 搭乘 28、33、53、8008、8009、8023、8040、8041、E08、E25、E28、E32 號公車於高醫（十全路）站下車後，步行 2 分鐘（約 200 公尺）。
2. 搭乘高雄捷運到後驛站，轉搭紅 30 公車，於高醫（高雄醫學大學）下車，步行2分鐘（約200公尺）即達。

官網

店家手工自製辣椒醬和菜脯滋味一絕

Part 4

# 岡山區 / 旗山區 / 鳳山區 / 仁武區 推薦美食

Kaohsiung

岡山區／旗山區／鳳山區／仁武區蘊藏了料好實在的在地美食，你可在「源坐羊肉店」品嘗到最道地的岡山羊肉，傳統中帶創意的羊肉料理是老饕的最愛；而旗山枝仔冰城和鮮緹手作工坊，讓旗山的特產——香蕉增添美味，更具附加價值。還有鳳山的赤山肉圓，翻桌率驚人……，其他還有許多 CP 值高的美食，都是令人嘖嘖稱讚的好味道。

1

# 源坐羊肉店

岡山必吃羊肉，在地老字號

東北有三寶「人參、貂皮、烏拉草」。在高雄的岡山也有三寶「羊肉、蜂蜜、豆瓣醬」。來到岡山要吃什麼？首選絕對是岡山羊肉，來到這裡沒能吃上一盤岡山羊肉，千萬別說你到過岡山喔！

堪稱「岡山一絕」的老店「源坐羊肉店」創立於 1973 年，在岡山當地可是小有名氣

## 堅持用本土羊肉，傳統中帶有創意的料理

在地經營 40 年的老店「源坐羊肉店」，創始人蔡順蜜女士，是土生土長的岡山人，自小家中經營羊肉店，因而習得一身料理羊肉的好廚藝。民國 62 年與先生自行創業，一開始是以手推車的方式擺攤在岡山舊火車站的騎樓下，幾經環境變遷才遷至現址。因為是岡山人，深知岡山羊肉對當地是一份很重要的文化情感，因此「源坐羊肉店」堅持用本土羊肉，希望讓異鄉遊子回到岡山時，可以吃到家鄉味料理。

### ❖ 吃起來不柴也不羶的帶皮羊肉爐

店裡的招牌是帶皮羊肉爐，一次可以吃到四層的肉質口感，皮→筋→肉→油。羊肉吃來不柴也沒有羊羶味，湯頭用新鮮大骨加現取的羊油熬製，再放入草果、枸杞等中藥材增添湯頭的風味，喝來濃郁卻又自然清甜。

### ❖ 全臺首創羊肉水餃與白片羊肉值得品嚐

「源坐羊肉店」的羊肉料理除了保有家傳的傳統老手藝外，更添加了不少創意元素，推出許多種類的創意料理，讓店裡的料理更趨於多元化，迎合更多老饕的口味。

像是全臺首創的羊肉水餃，水餃的肉餡和店裡其他羊肉產品都是使用閹公羊的羊肉，肉質有咬勁，無臊味。一口咬開，羊肉香氣四溢，肉餡吃來特別有咬勁。

為了證明土產羊肉的口感味道絕對沒有讓人害怕的羊臊味，「源坐羊肉」更是推出「白片羊肉」。把完全未醃製的羊肉切薄片，簡單汆燙到 9 分熟時起鍋，用餘溫熟透肉片。原以為吃來會有羊羶味，但意外的是肉質相當鮮嫩帶勁且完全無臊，很容易讓人一口接一口。

鎮店之寶「帶皮羊肉爐」暖呼呼滿滿膠原蛋白的帶皮羊肉，帶勁夠味

### ✤ 西餐廳才看得到的檸檬香茅羊肋排也很鮮美

首創的龍膽石斑羊肉鍋則是結合海陸特色，一次就能讓客人同時吃到龍膽石斑與羊肉的鮮甜，堅持不使用冷凍的龍膽石斑與羊肉，讓客人吃得出新鮮與美味。

檸檬香茅羊肉肋排也是一絕，羊肋骨皮脆肉嫩，吮指回味。另外像是羊肉燒餅，以及獨創菜品「筋皮二杯羊」、「土豆絲羊肉」，都是符合現代人對菜色創新的要求，美味兼具創意。

羊肉老店也能吃的到創意料理，也讓「源坐羊肉店」在岡山在地能經營 40 多年仍然屹立不搖。

西餐廳才看的到的「檸檬香茅羊肉肋排」，採先滷後炸，皮脆肉嫩帶點滷香，香氣迷人

「白片羊肉」特別選用羊肉的最佳部位（里肌肉），切薄片未醃製，僅汆燙上桌，肉質鮮嫩帶甜且無羊羶味，是必點料理

全臺首創的手工羊肉水餃，以黃金比例 3:7 製成的肉餡，飽滿肉餡香氣四溢，口感帶勁

蔥爆羊肉、羊大骨湯、白飯，再以吸管吸骨髓，滿滿膠質，老饕最愛

涼拌菜「香根拌羊腱」，羊腱肉中夾筋，肉質有韌性，酸甜好開胃

獨創的「筋皮二杯羊」以羊筋跟羊皮快炒，老薑跟辣椒炒出帶勁的好滋味

INFO

**源坐羊肉店**

**地址**：高雄市岡山區中華路 1-2 號

**電話**：07 626 6518

**營業時間**：週一～週五 10：00-23：00 / 假日 09：00-23：00

**店休日**：無

**交通資訊**：

自行開車下岡山交流道，往西走安招路（186 縣道）→於大義二路右轉→於仁壽路 / 臺 19 甲線向右轉→靠左行駛，進入中華路 /186 縣道，即可到達。

官網

燒餅外皮層層疊疊，口感酥脆，夾層的羊肉與配料吃起來爽口不膩

# 2 旗山枝仔冰城

## 旗山90年古早味冰店

高雄旗山除了「香蕉」最有名，再來有名的應該就是「枝仔冰」（冰棒）了！旗山是枝仔冰的發源地，早在 1926 年，當時年僅 18 歲的旗山囝仔鄭城先生，發明了枝仔冰，每天騎著腳踏車在旗山街上叫賣，因口味獨特味道好，當時街訪鄰居稱呼他為「枝仔冰城」。

老字號的旗山枝仔冰城，已經走過 90 個年頭，是許多人童年的記憶

### 枝仔冰城主打冰品，但採多元化經營

「枝仔冰城」一直傳承至第二代後將其作為商標持續經營，時至今日已經走過 90 個年頭。「枝仔冰城」已在南臺灣打響名號，除了冰品外，像是伴手禮跟便當、熱食……等店裡都有販售，由小小的冰店發展至今的多元化經營，並躍身為連鎖觀光商家，也算是在冰品界寫下傳奇的一頁。

#### ❖ 香蕉脆皮雪糕真材實料，獨一無二

「枝仔冰城」主力的商品當然是冰品，這裡的冰品除了有冰棒外，也有雪糕跟清冰系列。既然是在香蕉的故鄉—「旗山」，賣的東西當然要跟香蕉做完美的結合！其中香蕉脆皮雪糕就是結合旗山的兩

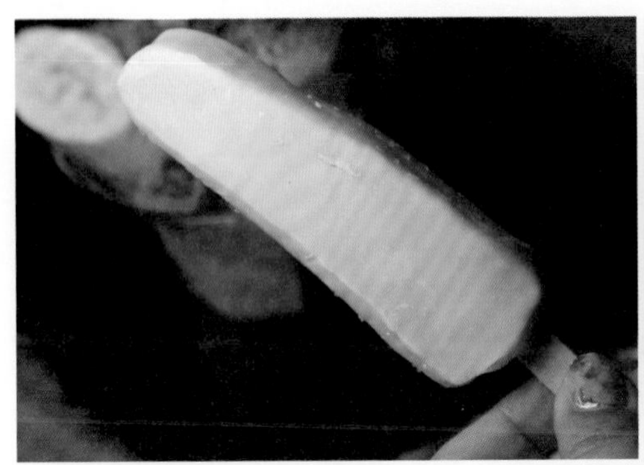
全臺唯一香蕉造型的香蕉脆皮雪糕，天然的風味真材實料也很受遊客的喜歡

仿巴洛克式建築的旗山老街，美食林立假日人聲鼎沸

這裡的冰品款式非常多樣，應有盡有，如要外帶冰品則是會以保麗龍盒裝來保冰

大特色名產—枝仔冰跟香蕉，外型做成跟香蕉一樣，是全臺唯一香蕉造型的冰棒；外層的黃色脆皮是以香蕉製成，不僅外層脆皮吃的到香蕉，連內層都是新鮮的香蕉果肉與香濃的牛奶製作而成，所以裡裡外外都能吃的到香蕉，濃郁又香醇，尤其是在香蕉的故鄉，這香蕉脆皮雪糕完全就是真材實料，天然的風味好吃卻不甜膩。

一樓主要為點餐區，舉凡冰品、伴手禮、在地名產、便當、熱食等等都有販售

### 香蕉黑糖冰與香蕉清冰很消暑

冰品聖代種類也不少，來一碗消暑的香蕉黑糖冰，底層是古早味的香蕉清冰、黑糖麻糬淋上黑糖與黑糖粉、再加上在地的新鮮香蕉，不用太花俏的點綴，整碗吃來冰涼、清新、綿密又爽口；香蕉清冰是懷念的古早味，每一口都有童年的回憶。潤餅冰捲，用傳統的薄 Q 潤餅皮包裹芋頭冰，加入花生粉與香菜，也是非常懷舊的吃法。

如果想順道帶點伴手禮，這裡的伴手禮品項也很多，大多與在地的特產香蕉結合，像是香蕉風味的手工蛋捲、香蕉鳳梨酥、香蕉風味的蛋糕⋯等，從包裝到口感皆使用在地的食材與特產結合，整體時尚、順應潮流，也讓旗山枝仔冰城不僅僅是一家吃回憶也是吃美味的好店家。

香蕉黑糖冰基底是香蕉清冰，搭配新鮮的香蕉與略帶苦甜的黑糖，不但懷舊吃來也十分沁涼

INFO

**旗山枝仔冰城（總店）**

**地址**：高雄市旗山區中山路 109 號

**電話**：07 661 2066

**營業時間**：夏季時間平日 09:30-22:30 / 週六、例假日 09:00-23:00

冬季時間平日 09:00-22:00 / 週六、例假日 09:00-22:30

**店休日**：無

**交通資訊**：搭乘高雄捷運南岡山線至左營高鐵站，轉搭高雄客運美濃站至旗山轉運站下車，步行約 10 分鐘可達。

官網

# 3 鮮緹手作工坊

## 旗山第一家手作香蕉蛋捲

位於旗山老街內的「鮮緹手作工坊」雖然比起老街上幾家知名的老店店齡還要來的年輕許多，但在當地的名氣卻是不容小覷！每逢假日，小攤前的遊客總是絡繹不絕，是旗山第一家用香蕉來做手工蛋捲的店家，也是許多觀光客來旗山必買的伴手禮。

旗山老街上的「鮮緹手作工坊」是旗山第一家用香蕉來做手工蛋捲的店家，雖然是小店，但卻是旗山必買伴手禮之一

### 旗山最好的伴手禮，手工現做香蕉蛋捲

來到旗山當然要來嚐一下在地的特產：香蕉。「鮮緹手作工坊」的手工香蕉蛋捲，選用了旗山盛產的北蕉，100％真材實料，不添加任何化學品，堅持手工現做。因新鮮考量，將製作蛋捲的機器擺在老街上的店門邊，現捲、現做、現賣，也讓每個遊客都能看的見現場手作的魅力。因此成功讓「鮮緹手工香蕉蛋捲」榮獲陸委會、海基會、高雄市政府指定的伴手禮，也常吸引各個美食節目和媒體爭相報導。

除了手工香蕉蛋捲外，也有販售手工水果乾

送禮自吃都很適合的手工香蕉蛋捲，購買人潮始終絡繹不絕

引進蛋捲機器，現烤現捲現出爐現賣，新鮮手作看的見

酥脆又紮實的手工香蕉蛋捲，蕉香四溢，吃來不過分的甜膩，讓人意猶未盡

### ❖ 現捲現烤現出爐，濃郁酥脆不膩口

小攤上幾個員工忙著將香蕉剝皮，再製成一支支的蛋捲，現捲、現烤、現出爐，整個香氣就在老街上瀰漫著，自然也吸引不少遊客駐足，雖然製作蛋捲的食材僅有：香蕉、麵粉、植物油、細砂糖、雞蛋這五種，但恰到好處的比例拿捏卻是很重要，加上是選用當地旗山最好的香蕉，以及烘烤時間跟溫度的多種技術掌握，才能製作出一支又一支好吃迷人的蛋捲。鮮緹手工香蕉蛋捲，層層酥香又紮實，口感微酥脆中帶些蓬鬆感，一口咬下現烤的蕉香味整個瀰漫口中，濃郁香甜卻不膩口，讓人一口接一口，配點熱茶一起品嚐著實讓人回味無窮。

一系列的水果脆干，天然風味，香脆可口，是居家零嘴的健康好選擇

### ❖ 香蕉巧克力蛋捲和咖啡蛋捲也是熱門伴手禮

店家的「香蕉巧克力蛋捲」也是招牌伴手禮，其品嘗起來是香蕉的香甜滋味中帶點巧克力的微苦韻，適合不愛吃甜食的人；還有咖啡蛋捲也是熱門伴手禮，擁有濃郁的咖啡香氣，適合喜歡喝咖啡的朋友。另外，店家也有推出香蕉干、香焦脆片……等一系列的水果乾，皆是採用臺灣在地的新鮮水果低溫烘焙，不添加防腐劑與人工添加物，渾然天成的自然果香，讓果乾系列成為非常熱賣的必買伴手禮呢！

「鮮緹手作工坊」，一個使用在地的食材製作出在地口味的伴手禮店家，除了成功創造了農產附加價值、減輕農民盛產的損失外，更添加了在地的濃濃情感，下次來到旗山，別忘了帶上一盒最佳伴手禮─鮮緹手工香蕉蛋捲，送禮自用兩相宜！

INFO

**鮮緹手作工坊**

**地址**：高雄市旗山區中山路60-3 號

**電話**：07 622 1911

**營業時間**：10：00–22：00

**店休日**：無

**交通資訊**：

搭乘高雄捷運南岡山線至左營高鐵站，轉搭高雄客運美濃站至旗山轉運站下車，步行約10 分鐘可達。

官網

在民國 50 年代，旗山盛產的香蕉都外銷到日本，帶動了旗山小鎮的繁榮，那是旗山最繁華的年代。民國 56 年，旗山香蕉的盛產達到高峰，卻因外銷日本的配額減少而使得旗山的「香蕉傳奇」日漸走下坡。

「吉美西點麵包店」販售各式的家常西點麵包，價格便宜又實在

## 吉美西點麵包店，再創旗山香蕉傳奇

當時，賴朝進先生看著「香蕉傳奇」由崛起到沒落，在民國 68 年創立了「吉美西點麵包店」，以平實的價格希望讓旗山人能吃到最美味又便宜的麵包，小店經營日益穩定後，賴朝進先生因身為旗山在地人，懷著對香蕉的在地情感，所以，將店裡的麵包融入在地的特產香蕉，堅持使用旗山當地種植的香蕉為唯一食材。

## ❖ 吉美香蕉蛋糕最受歡迎，常被顧客秒殺

除了在地新鮮的考量，旗山的香蕉品質更是無庸置疑，強調「低油」、「低糖」，在不斷的調製中，製作出最美味的「香蕉蛋糕」，走過 50 年，「吉美西點麵包店」的香蕉蛋糕變成了現今遊客到旗山必吃的美食之一，也讓旗山的「香蕉傳奇」再次重現光芒。

「吉美香蕉蛋糕」開發至今已有 30 多年，除了遵循古法製作，並使用在地的新鮮旗山香蕉作為唯一食材外，更加入獨家配方完美呈現。多年來老闆堅持手工製作與現烤，為的就是能保留食材最天然的原味，也期望每一個顧客都能吃到最新鮮的香蕉蛋糕。「吉美西點麵包店」常常早上開始營業，店裡後方廚房就忙著，每一個剛出爐的「香蕉蛋糕」幾乎一送出來就立刻被秒殺，很多客人都是一整盒的購買，據說最高紀錄是一天就可以賣出上百個。

看似不起眼的小店裡，居然藏著很厲害的「香蕉蛋糕」，也成了來旗山的遊客必買的伴手禮之一

新鮮的在地食材香蕉，加上手工現烤就是「吉美西點麵包店」的堅持

像這樣一圈又一圈的香蕉蛋糕，每到假日幾乎是供不應求，一出爐就會即刻被秒殺

招牌香蕉蛋糕就像香蕉本身給人的感覺一樣，簡單卻很美味

因為這「香蕉蛋糕」是店裡的招牌，綿密紮實的口感，入口即化，每一口都是撲鼻的濃郁香蕉氣味，持續瀰漫在口中。正如香蕉本身給人的感覺，不過度甜膩、樸實自然的外觀，外表和價格都親民。

除了招牌「香蕉蛋糕」外，店裡的另一款人氣招牌就是每日限量手工製作的「菠蘿泡芙」，有著香濃又飽滿的內餡，也是經常被客人搶購一空的好美味。「吉美西點麵包店」的家常麵包 CP 值也很高，每一個麵包雖然簡單不華麗，但是價格跟口味絕對不輸名店的麵包。並且推出香蕉乳酪蛋糕、香蕉風味菓子燒……等，讓每個來旗山的遊客都能嚐到在地香蕉所製作出的各式糕點，自己吃或送禮都很適合喔！

香蕉蛋糕可以單買，也可以帶整盒，一盒有八片，送禮或自己吃都很合適

INFO

**吉美西點麵包**

**地址**：高雄市旗山區中山路 62 號
**電話**：07 661 5006
**營業時間**：09：00-22：30
**店休日**：無
**交通資訊**：
搭乘高雄捷運南岡山線至左營高鐵站，轉搭高雄客運美濃站至旗山轉運站下車，步行約 10 分鐘可達。

官網

# 5 魔法阿嬤常美冰店

## 60年老字號香蕉清冰

到旗山一定要做的三件事：逛老街、吃香蕉、吃冰。在日據時代，旗山是臺灣的香蕉王國，由於南臺灣酷熱，當時在旗山這個小鎮上賣冰品的店家就有幾十家。「常美冰店」就是在那個時代的一家老冰店，走過七十幾個年頭，陪伴旗山人長大。

魔法阿嬤常美冰店，仍保留濃濃的復古雜貨店的樣貌，常吸引不少觀光客前來拍照打卡

### 懷舊氛圍的常美冰店，總吸引大批人潮

小鎮上的「常美冰店」，彷彿電影般的懷舊場景，這是今年 93 歲的常美阿嬤在 1945 年所創立。店名「常美」就是取自於阿嬤的名字，她研發出「清冰」以及多款枝仔冰，以香濃的義式冰淇淋搭配口感綿密的懷舊香蕉冰，成了今日依舊受大眾歡迎的「常美招牌冰」。

店裡懷舊氛圍，依舊保存著當年的原始樣貌，這也恰恰好符合近年來 IG 打卡盛行的復古文青風，加上冰品皆為自家自製，因此時至今日仍舊吸引大批的觀光客前來朝聖。

以香蕉冰為招牌，門口的猴子抱香蕉為店裡的吉祥物

常美冰店裡外的擺設，雖然是新舊交加，卻不會讓人覺得有突兀感

「常美招牌冰」中式的香蕉清冰與配料搭配上義式冰淇淋，一種中西混搭的概念，也讓這一碗冰變得格外受歡迎

新上市的清冰多多，在多多裡加上一球香蕉清冰，懷念的古早味

常美冰店的老屋，從裝潢到擺設物品處處都是驚喜，喜歡追尋老舊物品的朋友別錯過！

### ❖ 香蕉冰配料多，成了阿嬤的招牌冰

常美的鎮店老冰——「清冰」又稱為雪冰，帶著淡淡的香蕉味，所以又被稱為「香蕉冰」。相信五、六年級生一定不陌生，我們小時候放學最愛的就是到冰果室去買一包 5 元的雪冰，邊吃邊騎著腳踏車回家。不過「常美冰店」的香蕉冰變化可多了，兩球香蕉冰搭配一球香濃的冰淇淋與紅豆、芋頭、愛玉、仙草……等配料，就成了常美阿嬤的招牌冰，清冰的蓬鬆綿密加上配料與冰淇淋，口感豐富又多層次。

很多住在附近的旗山人，每逢假期返鄉，也喜歡來外帶枝仔冰回家回味一下童年的滋味

### 新鮮消暑的枝仔冰

消暑的枝仔冰也是店家自製的，看似簡單的冰棒其實製程繁瑣，秉持著對冰品的熱愛，現已由第二、第三代接手經營，仍舊維持一貫的傳統製冰手法，新鮮食材和不加防腐劑的堅持，讓常美冰店屹立不搖，成為旗山老街名店之一。除了傳統的冰品與枝仔冰外，常美冰店也順應潮流結合義式冰淇淋與新的食材。像是新上市的清冰多多，就是用鎮店老冰—香蕉冰加上多多而成，喝起來微酸又帶微甜。雖然看起來很簡單，但是多多與冰根本就是我們那個年代孩子童年最愛的兩樣東西，除了美味，那心裡滿溢的童年記憶才是更重要的！坐在「常美冰店」的老屋裡，吃碗消暑的常美招牌冰，來回味童年的記憶吧！吃完冰可別忘了好好感受老屋裡外的懷舊場景與物品。

INFO

**旗山常美冰店**

**店址**：高雄市旗山區文中路 99 號
**電話**：07 661 2524
**營業時間**：09：00-17：00
**店休日**：每月最後一個週三公休
**交通資訊**：
搭乘高雄捷運南岡山線至左營高鐵站，轉搭高雄客運美濃站至旗山轉運站下車，步行約 17 分鐘可達。

官網

6

# 「赤山肉圓」

鳳山必吃小吃

到彰化要吃炸肉圓，到了高雄就要吃蒸（炊）肉圓，平價美味的古早味蒸肉圓是臺灣經典銅板小吃，位於鳳山這間老字號「赤山肉圓」，幾乎是鳳山人從小吃到大的庶民美食。

熱騰騰出爐的蒸肉圓，每籠大約 50 顆

## 老字號蒸肉圓 翻桌率驚人

「赤山肉圓」外觀是簡單樸實的小攤位，攤位前大火滾燙冒出大量蒸氣，霸氣大蒸籠正在蒸煮著肉圓，走近攤位就能聞到陣陣飄出的米香，「赤山肉圓」由家族第二代一起經營，早上 7 點營業就有滿滿人潮，是在地鳳山人的早餐、午餐和下午茶的中式點心，現場內用座位只有 8 個，每到用餐時間更是一位難求，常有顧客在旁候位，翻桌率驚人！外帶客人也絡繹不絕，幾乎都是一次 5 ～ 10 顆甚至 20 顆外帶。

## ✤ 獨家祕方豬絞肉，好吃卻不傷荷包

工作檯忙著食客的餐點，後檯則有 2 位快手老闆，專業俐落用著冰淇淋勺現包肉圓，三兩下就完成一籠約 50 顆生肉圓，整大籠粉嫩白胖的模樣宛如藝術品般整齊排列，肉圓粉漿的主要原料選用在來米漿，再包進赤山肉圓的獨家祕方豬絞肉，每顆售價只要 15 元，好吃又不傷荷包，難怪每次整籠蒸肉圓一出爐很快就被掃光！

攤位前冒煙的大蒸籠

赤山肉圓店家外觀

店員幫外帶客人裝袋打包

肉圓內餡的豬絞肉看來新鮮可口

現作現蒸肉圓

加蒜泥、古早味醬油膏、辣椒醬的肉圓

肉圓搭配四神湯是絕佳滋味

肉圓（不加蒜泥）、肉圓（加蒜泥）、四神湯

## ✤ 蒜泥、醬料、配湯一應具全

「赤山肉圓」可選擇加蒜泥和不加蒜泥，加蒜泥是內行人的基本配料，肉圓外皮呈現飽滿剔透的半透明狀，Q 彈柔軟吃得到米香味，裡頭豬絞肉鹹鮮多汁，調味口感表現相當棒，單吃就很夠味，每顆分量大小剛剛好，大約 2~3 顆肉圓再配一碗湯就可飽足一頓！吃肉圓必備的三款醬料，古早味醬油膏、番茄醬、辣椒醬，內用可依個人喜好自行作添加，外帶直接告知老闆即可。

「赤山肉圓」有二款湯，其中香氣十足的「四神湯」是最多常客點的，加入小腸、薏仁、蓮子…等中藥材，讓藥膳湯頭帶點甘苦，吃完肉圓再喝上一碗，清香補氣又暖胃。

INFO

**赤山肉圓**

**地址**：高雄市鳳山區文衡路 161 號

**電話**：07 777 3259

**營業時間**：07:00-18:00

**店休日**：週二

**交通資訊**：

1. 搭乘橘 7A、橘 7A 延駛大樹、橘 7B、橘 7B 不延駛佛陀紀念館號公車，至文山里站下車後，步行 1 分鐘。
2. 自行開車者，由國道 1 號前往高雄的九如一路迴轉道，從國道一號出口下交流道前往建國路，走縱貫公路（臺 1 線）前往鳳山區的文衡路，約 2.9 公里即可到達。

7

# 鳳山鹹米苔目

懷舊古早味飄香50年

高雄人氣老店「鳳山鹹米苔目」，於民國 58 年從巷口小路邊攤開始營業，民國 84 年正式轉型為店面，至今已有 50 年歷史，一路上不斷改良製作，堅持選用老在來米和獨家祕方特殊比例調配，來製作出優質美味的米苔目，還有手工油蔥酥香氣逼人，令人難忘。

鹹米苔目（乾）、鹹米苔目（湯）、菊花肉、滷豬皮、青菜、貢丸湯、小菜，令人食指大動

## 鳳山必吃的平民小吃　老少咸宜

鳳山必吃美食「鹹米苔目」有分為乾、湯兩種，乾的鹹米苔目裡面有：肉燥、油蔥酥、豆芽菜、青蔥段，要吃之前記得先用筷子攪拌一下，讓米苔目均勻沾上醬汁，吃一口便覺鹹香入味，而且油蔥酥香氣十足，我個人比較偏愛吃乾拌米苔目的口味。

### ✤ 乾的與加湯鹹米苔目任君選擇

湯的「鹹米苔目」和乾的配料大同小異，多了細心熬煮的鮮甜湯頭，搭配米苔目 Q 香咕溜，大口吸相當過癮！米苔目的口感滑順 Q 彈，很容易咀嚼，適合長輩和幼童，也難怪深受高雄人和觀光客的歡迎，另外點選湯的「鹹米苔目」，還可以續湯，所以是大家最愛的選擇！

鹹米苔目（乾）吃起來滑順 Q 彈，令人讚不絕口

鹹米苔目（湯）大口吃很過癮

每日座無虛席

## 菊花肉和滷豬皮是不可錯過的切仔滷味

除了主食，每日新鮮的切仔滷味也不能錯過，像是「菊花肉」和「滷豬皮」都是招牌小菜，菊花肉是豬嘴邊肉，切開有漂亮的不規則油花，所以老闆娘取名為菊花，相當有趣！而滷到通透的滷豬皮，擁有天然膠質，口感油亮香 Q，單吃或搭配米苔目一起品嘗，都很滿足。

「鳳山鹹米苔目」將簡單平凡的百年傳統美食「米苔目」發揚光大，樸實的味道同時也深植於在地鳳山人的心中。店家時常受到臺灣各大媒體和美食節目的採訪，就連高雄市長和前總統都曾是座上賓，每日座無虛席、氣氛熱鬧，是富有人情味的鳳山平民小吃。

菊花肉（豬嘴邊肉）沾點醬油滋味絕佳

滷豬皮油亮香 Q，口感超好

澎皮 Q 香的米苔目

外觀店面樸實温馨

忙碌的工作料理檯區

內用先拿菜單填寫

INFO

## 鳳山鹹米苔目

**地址**：高雄市鳳山區維新路 10 號

**電話**：07 745 0998

**營業時間**：06:00-21:00

**店休日**：當月逢 5、15、25 為公休日，若遇假日則提前或順延，以店家公告為主

官網

**交通資訊**：

1. 搭乘鳳山文化公車至兵仔市站下車後，步行 1 分鐘。
2. 搭乘 8001、8010、8010 區間車、8041A、8048、橘 11A、橘 11A 繞、紅 10B、紅 10B 延號公車，至鳳山龍山寺站下車後，步行 2 分鐘。
3. 搭乘捷運橘線於大東站（O13）下車，往 2 號出口出站，步行 7 分鐘。
4. 自行開車者，從國道 1 號的 369- 瑞隆路出口下交流道，行駛到 183 縣道於瑞隆東路向左轉，繼續直行，並繼續走瑞隆東路，於五甲一路（183 縣道）向左轉，約 2.2 公里即可到達。

# 8 橋邊鵝肉

## 仁武在地鄉土味鵝肉

位在仁武的「橋邊鵝肉」是 1999 年劉金鍊女士創立，原為擔任餐館總監多年的劉女士退休後，本著對美食的熱愛，加上家族親戚經營鵝肉餐廳的背景，便在老家附近的曹公渠道旁開設「橋邊鵝肉」店。

招牌鹽水鵝，肉質鮮甜多汁，沾著盤底的鵝油鹽汁一起品嚐更能彰顯肉的美味

### 鳳山必吃的橋邊鵝肉　老少咸宜

在留學法國的小兒子建議下，加入黃金比例的鵝油香蔥，並研發出有臺灣古早味的「黃金鵝油」，店內的料理有多道都以此油來提味，也是美味的關鍵。雖沒有華麗的用餐環境，但卻憑著這簡單的美味讓「橋邊鵝肉」很快就在仁武當地打響了名號，甚至推出全手工製作的「黃金鵝油」跟「黃金香蔥」，讓客人可以買回家自行料理烹調，在家就能享受到跟店裡一樣的特有風味料理。

## ✤ 選擇肉厚質嫩的鵝肉，鵝油、香蔥更提味

店裡的鵝肉堅持挑選六公斤以上的鵝，吃來特別地肉厚質嫩且汁多味美。鎮店之寶：鵝油、香蔥，則是選用來自雲林的紅蔥頭，從挑選到切法、油炸時間、火候以及用量比例拿捏，都特別講究。

店裡大多為鵝料理，有：鵝肉、鵝翅、鵝心、鵝胗、鵝肝……等，也有鵝肉便當與一般的家常熱炒，招牌鵝肉則有：鹽水鵝跟燒鵝兩種。另外，可別忘了來上一碗鵝香飯，灑上黃金油蔥的鵝油飯，香氣都聚集在油蔥上，油蔥酥脆又香，不僅口齒留香，吃來也不膩口。

每日限量的招牌燒鵝，要先泡過果醋與麥芽糖，灌氣後蔭乾 6 小時，在送入爐中以龍眼木燒烤，一上桌，香氣立刻撲鼻而來，油亮的外皮，令人食指大動。燒鵝皮脆肉嫩又帶點咬勁，沾上店家自製的梅醬，再配著醃漬的小黃瓜一起享用，正好可以適時的解油膩。

燒鵝肉質甜美不帶腥味，配料土豆也很入味

「橋邊鵝肉」沒有華麗的用餐環境，但卻藏著簡單美味

堅持純手工製作的鵝油香蔥是店裡的靈魂，有了它提味讓料理變得更迷人

自家研發的鵝油香蔥品牌為「LE PONT」，取法語橋邊之意，但並非舶來品，而是來自南臺灣本土小吃研發出的鵝油香蔥

吃過一定會愛上的
招牌黃金麵線

鵝香米血加點薑絲和鵝油香蔥更美味

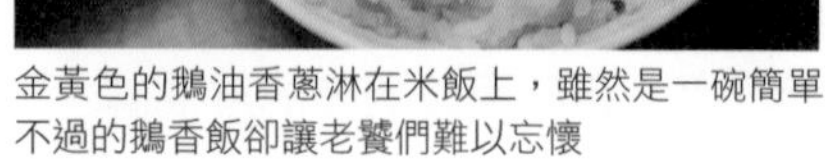

金黃色的鵝油香蔥淋在米飯上，雖然是一碗簡單不過的鵝香飯卻讓老饕們難以忘懷

另一招牌：鹽水鵝，上桌前淋上了鵝高湯，吃來鹹潤甘甜，肉質軟嫩不乾澀。鵝香米血，上方灑了油鵝香蔥，除了口感特別Q嫩紮實外，還多了香蔥的迷人香氣。而看似簡單不過的招牌黃金麵線，麵線的熟軟度抓得剛剛好，麵線吃來Q彈，不會太過於軟爛，有了香蔥的加持與蒜末的提味，吃過一定會愛上。

有了鵝油、香蔥的出現，讓原本在當地已經小有名氣的「橋邊鵝肉」更是聲名遠播，也從此改變小吃店的命運。傳統的鄉土小吃加入創新研發因子與堅持的精神，找出鵝油香蔥的最佳比例，讓我們見識到單純又美味的傳統小吃。

INFO

**橋邊鵝肉**

官網

**店址**：高雄市仁武區仁雄路39之6號
**電話**：07 373 1468
**營業時間**：16:00-21:30
**店休日**：每個月最後一個星期三公休
**交通資訊**：
開車下仁武交流道走鳳仁路朝八德一路前進，於八德一路迴轉，於澄觀路右轉，朝澄觀路前進，左轉走仁光路，於仁雄路右轉即可到達。

# 9 仁武烤鴨

## 高雄最受歡迎的高人氣烤鴨店

在南臺灣說起烤鴨，這家位在高雄仁武區鳳仁路的「仁武烤鴨」絕對是首屈一指。不僅是美味度破表，人氣更是強強滾，每到用餐時間店裡總是滿滿的人潮，一到假日甚至要拿號碼牌才吃得到。

外皮酥脆的烤鴨肉質細緻油嫩不乾柴；就連外帶都能嚐到鴨皮的酥脆

### 想吃一定得排隊，烤鴨多了炭香味

為何仁武烤鴨讓吃貨們一定要排隊？因為開業二十多年的「仁武烤鴨」特別用心，店家堅持選用重達三斤二兩的母鴨，是維持肉質細緻油嫩的入門條件，每隻烤鴨幾乎體型都一樣的勻稱，再經過風乾的程序後推入冷氣室等待烘烤，這道程序是讓鴨皮能在烘烤後呈現酥脆口感的關鍵。入烤爐40分鐘的烘烤，店家更是以木炭烘烤，讓烤鴨吃起來多了一股炭香味。

豐富的肉汁，隨著俐落的片鴨動作，緩緩流下。有著焦糖色澤的烤鴨，外皮酥脆肉質細嫩多汁，完全不乾柴；外皮嚐來酥香脆，入口那炸開的肉汁與淡淡的炭火香氣，口口涮嘴，十分迷人。

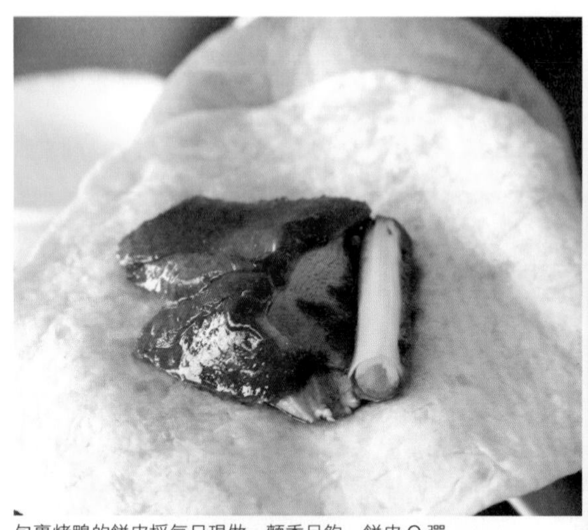

包裹烤鴨的餅皮採每日現做，麵香足夠，餅皮Q彈

服務人員每分鐘可以片好一隻鴨的快手，讓我們看了嘖嘖稱奇

不到10秒的大火快炒，吃得到鴨肉的嫩度還能炒出鍋氣

### ✤ 每日現做手工荷葉餅夾烤鴨美味度破表

吃烤鴨要加餅皮 ，每日現做的手工荷葉餅，從擀麵到烤餅堅持自家手工製作，吃起來麵香足夠，餅皮Q彈，夾入烤鴨與蔥段再淋上甜麵醬，美味度破表。

片鴨後的鴨骨架子經過不到十秒的大火快炒，保留了鴨肉的嫩度還能炒出鍋氣。最厲害的是，滋味完全可以鎖在鴨骨凹凸的隙縫裡面，入口九層塔香與辣椒香氣豐富多層次，吮指回味。

傳統手法製作的鴨米血，直接拌著醬料與配上薑絲食用，鴨米血軟Q不腥，也是店內必點。

「仁武烤鴨」可一鴨兩吃：片鴨、炒骨，可外帶或內用，美味程度絕對不輸餐廳，價格卻僅有餐廳的一半，難怪可以成為高雄烤鴨界的鴨霸，不過想吃都得耐耐性子排隊等待囉！

早期是在市場上的小攤家，後遷移至現址，擁有自家的停車場，非常便利

傳統手法製作的鴨米血軟 Q 不腥

六爐齊開才能應付絡繹不絕的饕客，堅持以木炭烘烤，讓烤鴨吃起來多了一股炭香味

選用重達三斤二兩的母鴨，是維持肉質細緻油嫩的入門條件

每一片烤鴨入口還會爆出肉汁與夾帶淡淡的炭火香氣，口齒留香

INFO

### 仁武烤鴨

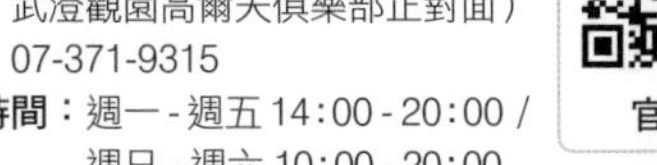

**地址**：高雄縣仁武鄉鳳仁路95-21號（仁武澄觀園高爾夫俱樂部正對面）

**電話**：07-371-9315

**營業時間**：週一 - 週五 14：00 - 20：00 / 週日 - 週六 10：00 - 20：00

**店休日**：週二

官網

**交通資訊**：

1. 搭乘捷運至左營（高鐵）站步行 1 分鐘→高雄左營公車站紅 60B 加昌站→名湖社區→步行約兩分鐘可到達。
2. 自行開車：請走中山高轉國道 10 號往仁武方向，下仁武交流道走水管路左轉鳳仁路即可抵達。

打狗英國領事館文化園區
打狗英國領事館文化園區
打狗英國領事館文化園區

# Part 5

Kaohsiung

# 玩高雄 好逛景點

近年來，高雄旅遊熱度大升。而高雄好玩的景點可說是難以計數，不過若不是常能來高雄的旅人，建議可抽空來本章列出的必玩景點。

你可以到「打狗英國領事館」賞建築、望海景，了解園區的文史故事，感受周遭的自然生態環境；或者到駁二藝術特區感受文創園區的創意與魅力，而美麗島捷運周遭和月世界地景公園也是不可錯過的好吃好玩好拍的打卡景點……，現在就出發，一窺港都的千萬風情吧！

1

# 西子灣

## 到打狗英國領事館看大船入港

「西子灣」是高雄知名景點之一，還記得我在高醫唸書時，偶爾會來西子灣走走、看看海景，也可搭乘渡輪前往旗津吃海產，附近也能去爬柴山，「西子灣」最有名的景點，就是「打狗英國領事館」。

打狗英國領事館官邸外觀，二樓紅磚圍牆邊還設有望遠鏡，可看海觀景

### 打狗英國領事館

以前的「打狗英國領事館」只是所謂的「山上區」，蠻多人假日會到「打狗英國領事館（後正名為領事官邸）」看大船入港，坐在露天咖啡座，一邊悠閒品嚐午茶，一邊看海天一色的風景，好不快活！

#### ✤ 打狗英國領事館分三大部分

現在的「打狗英國領事館」園區景點，分為三大部分：山上區的「打狗英國領事館官邸」、「登山古道」、山下區的「打狗英國領事館」。如果你很久以前來過「打狗英國領事館」，現在一定會被偌大的園區所驚豔！因為以前的「打狗英國領事館」，實際上只是山上區的「打狗英國領事館官邸」呢！

## ❖ 打狗英國領事館有兩個入口

現在的「打狗英國領事館」依然是購票入場，但是有兩個入口：步行或搭乘大眾運輸、遊覽車團體觀光者，多從「山下區」入園；而開車前往者，因為停車場位於中山大學校區旁空地，所以會從「山上區」入園。這部分也是我這次前往發現的明顯差異！實際上，整個「打狗英國領事館」園區之前因為產權複雜和資料誤用，直到 2009 年才被正名，2019 年升格為國定古蹟。

整個「打狗英國領事館」文化園區，不僅可以參觀歷史古蹟、古建築藝術，現場也有定期展覽，可了解園區背景文史故事。這邊依山傍海，擁有海洋自然美景，是個寓教於樂的休閒場所。若想深度了解整個園區，也提供免費的定時導覽服務，團體導覽也可事前預約喔！

## ❖ 山下區的打狗英國領事館

「打狗英國領事館」為 1879 年由當時英國政府所興建，是全臺年代最久遠的現存西式近代建築。後來又為日本的水產試驗所、水產試驗所員工宿舍，2004 年員工搬離棄置，直到 2005 年訂為市定古蹟，經整修後於 2013 年再次開放。

來到山下區「打狗英國領事館」，可以看到中西融合、有著紅色屋簷的純白建築。入口即可見一座座蠟像組成的古時場景，描述 1879 年的哨船頭街景。英國領事館的建築特色為拱廊，值得注意的是在正面迴廊入口和轉角有兩個柱子合併而成的併柱，其他都是單柱。此區必看的還有老井、防空洞，領事館內還有咖啡餐館、露天雅座。

山下區的打狗英國領事館外觀

建築內外設有蠟像場景，可見古時街景

白色拱廊、紅磚牆面地面，有著異國氛圍

古井，位於領事館辦公室後花園廣場，是當時領事官生活飲用水井，也是附近唯一的淡水水源，現在仍有井水，因安全因素而蓋上隔板

古典玫瑰園在山下區提供露天雅座

防空洞，在此區共有兩處，為日人興建，造型特別

### ❖ 長約 200 公尺的登山步道

山上、山下兩區，有登山步道相通，當初英國領事為了方便往返英國領事館和領事官邸所建築的階梯古道，也可通往哨船頭海濱。整段「登山步道」長約 200 公尺，以花崗石、咾咕石、紅磚……等鋪設，感覺古樸。

走在古道，可以發現環境清幽且擁有豐富的自然生態，當初英國人特意精心規劃路線，是官員平日散步社交之處。步道中間可見「羅伯特 · 史溫侯」的雕像，為英國首任駐臺領事，他是外交官、也是生物學家，平日除了外交事務，也喜歡進行臺灣自然史調查，柴山的臺灣獼猴就是由「羅伯特 · 史溫侯」在國際協助確認為本地特有種，對臺灣擁有重大貢獻。

山下區古道入口

踏在古道階梯上，恰巧看見大船入港的景象

步道途中可見英國首任駐臺領事：羅伯特 · 史溫侯的雕像

登山步道，由不同石材鋪設而成

打狗英國領事館文化園區，提供各式海路套票：史溫侯探險之旅航線，可搭乘高雄港文化遊艇，一路遊玩打狗英國領事館、旗後燈塔、壽山、西子灣夕陽美景

### ✤ 山上區的打狗英國領事館官邸

「打狗英國領事館官邸」位於山上區，也是 2013 年前大家比較熟悉的「打狗英國領事館」，後來才正名為領事官邸。來到山上區的官邸，大家可以仔細觀察建築樣式，建築風格為後文藝復興時代的巴洛克式風格，大家可以看見特意融入清朝末年的中式建築特色：紅磚外觀、竹節落水管，還有特殊別緻的花欄、石雕和圓拱，都是「打狗英國領事館官邸」和其他官邸不同之處喔！

官邸內也有許多建築特色，如：官邸房間設計了外國常見的壁爐、高低不一的地下室兼囚牢，是用來囚禁當時違反「打狗領事港口規章」的人。建築內部除了觀賞舊建築遺跡，還有定期展覽展出，讓大家更加了解打狗港的人文歷史。

另有知名餐廳「古典玫瑰園」品牌入駐，提供餐飲、午茶的服務，大家可以一邊享用美食，一邊欣賞港都海景。打狗英國領事館文化園區，是臺灣唯一完整呈現英國領事館辦公室、登山古道、領事官邸的古蹟聚落，值得大家前往一遊。

館內有不定期展覽，可深度了解港都歷史文化

古典玫瑰園和文創小舖，提供餐飲、伴手禮選購服務

官邸下午茶大廳和戶外區，擁有海景長廊，是人氣觀海景點

INFO

**打狗英國領事館文化園區**

**地址**：高雄市鼓山區蓮海路 20 號
**電話**：07 525 0100（山上官邸）/ 07 531 4170（山下辦公室）
**營業時間**：週一至週五 09：00-19：00 / 週六、週日及國定假日 09：00-21：00
**店休日**：無
**交通資訊**：
1. 捷運西子灣站 2 號出口→搭乘捷運接駁公車橘 1、市公車 99，至西子灣站下車。
2. 打狗鐵道故事館→搭乘哈瑪星文化公車（每週一休息），車上配有導覽解說員，於打狗英國領事館文化園區站下車。
3. 高雄火車站→搭乘市公車 248 至中山大學站（隧道口）下車，延著哨船街步行接蓮海路。
4. 高鐵左營站→搭乘捷運紅線到美麗島站轉橘線到西子灣站，轉搭公車或沿著哨船街步行接蓮海路。

官網

由山上區官邸可眺望遠方海景、市景，也能看見鄰近的中山大學操場

2

# 駁二藝術特區

最具魅力的文創藝術園區

「駁二藝術特區」是高雄碼頭旁的倉庫群藝術特區，在 2000 年幸運被選中為雙十煙火施放地點，進而發現了港口旁駁二倉庫的存在，之後由一群藝文人士們，在 2001 年熱血成立「駁二藝術發展協會」，一路推動駁二藝術特區的成長。

蓬萊倉庫「哈瑪星臺灣鐵道館」

## 共分三個倉庫群，最受歡迎的是哈瑪星臺灣鐵道館

在 2006 年改由高雄市政府文化局接手，不定期舉辦藝術文創、動漫人物……等限定期間展覽和主題市集，已成為高雄人不可缺少的文創藝術園區和觀光客必逛的景點。「駁二藝術特區」共分為三個倉庫群，分別為：蓬萊倉庫、大勇倉庫、大義倉庫。最受歡迎的即是蓬萊倉庫的「哈瑪星臺灣鐵道館」，「哈瑪星」是由日文「濱線（はません）」的發音而命名，濱線在日本時代是縱貫鐵路最南端緊鄰港埠，用來接駁碼頭倉庫貨物的鐵路支線。

### ❖ 哈瑪星臺灣鐵道館乘坐迷你小火車

「哈瑪星臺灣鐵道館」以在地歷史為主題，延伸呈現臺灣百年鐵道歷史，並可體驗搭乘迷你小火車「哈瑪星駁二線小火車」，繞行蓬萊倉庫戶外（一畝田）及倉庫 2 圈。「一畝田」近幾年來更換幾次藝術布景，2019 年全新架設的 12 支鮮綠的藝術裝置「遠心林 Centreefuge」是由韓國知名新銳建築師 Sooin Yang 的跨國合作作品，其會自轉因風力膨脹宛如樹葉，就像穿梭在森林之中，讓「哈瑪星駁二線小火車」更加深受遊客的喜愛。

「哈瑪星駁二線小火車」繞行 2 圈

蓬萊倉庫藝術裝置「工人」

「哈瑪星臺灣鐵道館」館內環境

「哈瑪星駁二線小火車」月臺

第二展區是以 HO 規格（1:87）鐵道場景

鐵道模型展第一展場「月臺一縱貫鐵路之旅」

## ✤ 令人驚豔的鐵道模型展

「鐵道模型展」分為二個展場，第一展區是互動展示區，有月臺布景、大型火車展示和臺灣鐵道歷史介紹，並提供兒童列車長服帽供拍照使用。第二展區是以 HO 規格（1:87）鐵道場景、軌道與火車模型繞行整個大型模型場景，看到不同樣貌的臺灣，並結合劇場聲光效果，可欣賞日夜交替不同場景，令人驚艷。

鐵道模型展第二展場「Zone7 基隆」

蓬萊倉庫的火車藝術裝置

## ✤ 隨意漫步蓬萊倉庫

「駁二藝術特區」結合眾多藝術裝置，分布在三個倉庫群的每個角落，遊客隨意漫步在藝術特區裡，皆可驚喜發現它們的蹤影，尤其是蓬萊倉庫旁的鐵軌大草皮，許多大型藝術裝置，是遊客最愛合影的區域。

蓬萊倉庫藝術裝置「停車再開」

### ❖ 新意不斷的大勇倉庫

大勇倉庫前輕軌鐵路道上，整齊的綠色草皮，看著輕軌遠遠行駛而來，美得像幅畫。大勇倉庫停車場旁的巨型藝術裝置「巨人的積木」是熱門的拍照打卡景點！若你來過幾次「駁二藝術特區」會發現藝術裝置每隔一段時間就會有小小的變化或是藝術裝置更換位置，新意不斷，規模越顯精進，有百來不膩的魔力。「大勇區 C5 倉庫」不定期有大型展覽，「大勇區藝術廣場」在假日大都會有主題週末市集，總是吸引滿滿的人潮。

### ❖ 大義倉庫拍照打卡趣

漫步在「大義倉庫」巷道內，十分愜意，有不同文創展覽和手工藝品店，也是最多網美咖啡廳、散步甜品進駐的倉庫群。「大義倉庫」必拍的藝術裝置有：遇見彩虹、花的姿態、小安—馬賽克環境創作計畫（尿尿小童）、貨櫃橋及鞦韆，每個角落都是你的戶外攝影棚。

大勇倉庫停車場旁的藝術裝置「巨人的積木」

大勇倉庫前輕軌鐵路旁的藝術裝置「大紅人的雜物」

大義倉庫藝術裝置「遇見彩虹」

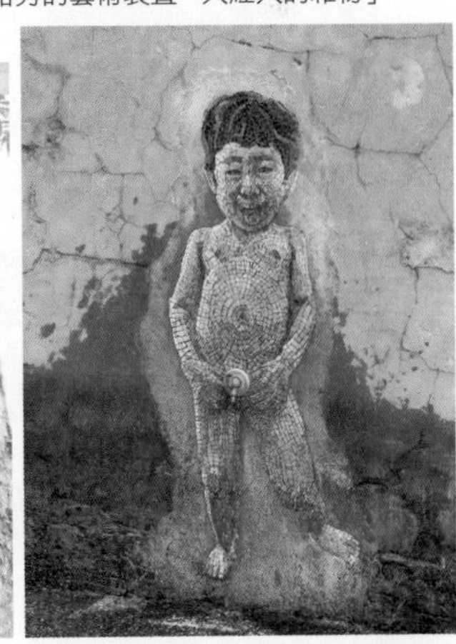

大義倉庫藝術裝置「小安—馬賽克環境創作計畫」

大義倉庫「派奇尼甜點義式冰淇淋」

### ✤ 派奇尼甜點義式冰淇淋

可邊逛邊吃的散步甜品「派奇尼甜點義式冰淇淋」，綿密滑順的手工義式冰淇淋，每日供應 10 多種冰淇淋口味，店內另有販售咖啡飲品。

### ✤ Bonnie Sugar 駁二店是網美天堂

「Bonnie Sugar 駁二店」一間被乾燥花包圍的文青甜點店，觀光客大多是被浮誇的蛋糕櫃給吸引進來，精緻的草莓蛋糕（草莓系列為季節限定）和繽紛的怪獸冰拿鐵，加上一處布滿乾燥花的天花板區，Bonnie Sugar 根本是網美天堂！

大義倉庫「Bonnie Sugar 駁二店」

### ❖ 大義公園的椅子樂譜是 IG 打卡人氣景點

在「大義倉庫」從海港邊延伸的獨棟倉庫（接近大義公園），造型潔白如船身的是「微熱山丘 高雄駁二特區門市」。而在大義公園草地內的「椅子樂譜」是高雄知名 IG 打卡人氣景點，由小時候學校所使用的課椅，彩繪成不同顏色，再巧思設計層層堆疊出雙層圓型中間裸空的藝術裝置，非常好拍，中間裸空的位置有時需排隊才能合影。大義倉庫與海港邊的大義倉庫廊道，不定期有不同主題的市集，市集資訊可至官方粉絲專頁查詢。

大義倉庫 C11 區（微熱山丘）

大義倉庫藝術裝置「椅子樂譜」

大義倉庫市集

大義倉庫前海港景色

大義倉庫巷道

INFO

## 哈瑪星臺灣鐵道館 駁二蓬萊倉庫

**地址**：高雄市鼓山區蓬萊路 99 號
**電話**：07 521 8900
**營業時間**：
週一至週四：10:00-18:00（售票至 17:30）
週五至週日或國定假日：10:00-19:00（售票至 18:30）
**休館日**：無 （週二室內展場休館）
**交通資訊**：
1. 搭乘 248、248 區間車、E05 西城快線公車於輕軌駁二蓬萊站（高雄港）下車後，步行 1 分鐘（約 110 公尺）。
2. 搭乘高雄捷運到西子灣站，往 2 號出口出站，步行 6 分鐘（約 500 公尺）。
3. 搭乘高雄輕軌到駁二蓬萊站，步行 2 分鐘（約 160 公尺）。

官網

## Pacini gelati e dolci 派奇尼甜點

**地址**：高雄市大義街 2-2 號
**電話**：07 521 2201
**營業時間**：13:00-19:00
**店休日**：週二

## Bonnie Sugar 駁二店

**電話**：07 521 6341
**地址**：高雄市鹽埕區大義倉庫 C7-4
**營業時間**：10:00-19:00
**店休日**：無

大義倉庫藝術裝置「花的姿態」

大義倉庫藝術裝置「貨櫃橋及鞦韆」

3

# 美麗島捷運站

高雄最美的捷運站

自從高雄捷運於 2008 年開始啟用，「美麗島捷運站」就被稱作最美的捷運站。「美麗島捷運站」位於高雄市新興區的中正三路及中山一路口，是高雄捷運紅線及橘線的交會轉運站，也因此獲得了「捷運之心」的稱號。

「美麗島站」內最知名的國際景點：光之穹頂，不定時會有光炫幻影秀，透過聲光效果展現藝術魅力

## 因美麗島事件命名的美麗島站意義非凡

「美麗島站」的捷運站體本身是由日本知名建築師：高松伸所設計，捷運出入口可以看見如貝殼狀的玻璃帷幕，非常地吸睛，據說具有合掌祈禱的象徵意義。這個美麗的捷運站的命名，也是為了紀念 1979 年在此地所發生的「美麗島事件」，此事件在奠定臺灣民主根基上很重要的民主運動歷史，也引起國際間的注意。

「光之穹頂」展現水、土、光、火四大元素區塊，代表人的一生經歷了誕生、成長、榮耀、毀滅、後重生的過程，是個提供自由思考與想像的公共藝術空間

### ✤ 被「BootsnAll」評選為全世界最美麗的 15 座地鐵站

現在，「美麗島站」具備了緬懷過去、展望未來國際的意義，也是促進交通便利上的重要一環，更是個與國際接軌的藝術空間。大家走進「美麗島站」的中央大廳，一定會被頭頂上的圓頂：「光之穹頂」所震懾，此「光之穹頂」為各捷運站中最著名的一件公共藝術作品，其由義大利藝術家水仙大師（Narcissus Quagliata）親手創作，也因此被美國旅遊網站「BootsnAll」評選為全世界最美麗的 15 座地鐵站第二名，聞名國際，變成了世界旅行家們夢想來訪的車站之一呢！

「美麗島站」出入口外觀，在夜間顯得明亮動人

### ❖ 臺灣第一個以葡萄牙文為譯名的捷運車站

「美麗島站」的譯名：Formosa Boulevard Station，也是臺灣內第一個以葡萄牙文為譯名的捷運車站，用福爾摩沙象徵此捷運站無與倫比的美。「美麗島站」的位置也在高雄市中心內，位於高雄市中心道路要衝，特殊的月臺設置，讓往南岡山、小港、西子灣、大寮的旅客在此交會。捷運站附近就是知名景點：六合觀光夜市，大家可以盡情品嚐各式古早味小吃、體會港都風情。

INFO

**美麗島捷運站**

官網

**地址**：高雄市新興區中山一路 115 號地下一樓
**電話**：07 793 8888
**營業時間**：06:00-00:00
**店休日**：無
**交通資訊**：

1. 搭乘 60、248、8001 號公車於南台路口站下車後，步行 2 分鐘（約 140 公尺）。
2. 搭乘 12、52、69 號公車於捷運美麗島站下車後，步行 1 分鐘（約 66 公尺）。
3. 搭乘高雄捷運到美麗島站即達。

田寮月世界位於田寮區崇德與古亭兩里之間，因這裡的地形樣貌看似有著像月球般的淒涼荒漠景象，因而聞名。

惡地地形較難開發且不適農業發展，但這樣的奇特景觀卻為田寮帶來了另一種珍貴的觀光資產

## 跟我一起來漫步在月球上

月世界的地表呈現為灰白色，荒涼的樣貌像極了月球，讓人不用到外太空就彷彿漫步在月球，因此常常吸引許多遊客到此拍照窺探這自然地奇特景觀。2014 年 CNN 以頭版刊登 10 reasons to love Kaohsiung（愛上高雄十大理由），其中就有提到 Moon World 月世界為來高雄必去的景點之一喔！

### ❖「惡地」的地形，成就獨特的月球面貌

這種奇特的自然景觀，在地理學上稱做「惡地」的地形，是指鬆軟沉積岩和富含黏土的土壤，大範圍地被風和水侵蝕後的乾燥地勢，因草木無法生長，只有刺竹能在此地生存，所以形成了山坡上的大小蝕溝及光禿的樣貌。

## ✤ 必定要走訪的月世界地景公園

來到月世界首先一定要來走訪「月世界地景公園」，這裡規劃了完善的步道，其步道可以分為：登月步道、環湖步道、惡地步道、嫦娥奔月絲路天空步道四大步道，觀景台有：嫦娥奔月觀景台、弦月觀景台、月池眺景台。

遊客從一開始的入口處就可以選擇登月步道或是環湖步道開始登月之旅，繞行月世界一圈，步行大約需要一個半小時。沿途風景有月池、天梯、竹編涼亭、弦月觀景台……等，步道沿途都設有涼亭，可以供民眾休息。

除了欣賞月世界的自然景觀外，觀賞沿途的景色與植物甚至是自然生態都能很有收穫，看著自然形成的惡地景觀，不僅讓人讚嘆大自然的奧妙，也非常富有教育的意義。邊觀賞大自然的奇特景觀，還能夠練練腿力，也算一舉兩得，而且全部都是不收門票、費用的景點喔！

難度比較高的步道是嫦娥奔月絲路天空步道，全部共有 421 階，雖然辛苦，但是爬上頂端就能俯瞰整個月世界的容貌壯麗的景觀，包准你大喊超值得！

另外，這裡也有規劃地質生態的解說中心，提供民眾對泥岩地質生態能有更進一步的認識，夜間還有燈光秀，五光十色的投射在這荒漠上，非常漂亮，也能感受不一樣的月世界樣貌。

月世界地景公園入口處的樹木，修剪成了羊的造型，正呼應了過去山羊也曾是田寮重要的經濟來源

偌大的玉池置身於嚴峻的惡地地形中，增添了柔和的美感

月世界地景公園有四大步道，還設有地質生態的解說中心，讓遊客可以更加了解泥岩地質生態

### ✤ 令人難忘的攬月樓和土雞料理

月世界附近有一座中國式建築：攬月樓，可供遊客休憩與賞景，在一片的荒漠中能有這麼特別的中式建築也是非常的吸引人。地景公園附近的私房景點也不少，像是鄰近的日月禪寺、峰月宮、泥火泉、翠幻谷……等，來一次就可以全部觀賞。

別忘了來月世界吃正土雞料理，月球路算是土雞一條街，街上三五步就有一家土雞料理餐廳，有不少都是在地經營多年的老店，每一家對土雞的料理都是非常在行，口味獨特，尤其土雞本身的肉質Q中帶咬勁，不管是做湯或是鹽焗、酥炸各式料理手法都很合適。

像是我最常去的老店「月球土雞城」，他們的鹽酥雞是用正土雞裹粉酥炸，吃起來皮酥肉嫩又多汁，非常好吃，有古早味，還有媽媽味，讓人一吃就愛上。三杯雞也是招牌必點，香氣迷人。再來一碗筍絲雞湯或是香菇雞湯，相信吃過一定會念念不忘。

月球土雞城的鹽酥雞，有著古早味，皮酥肉質鮮嫩，不因為油炸而讓雞肉變得乾硬，非常值得一嚐

除此之外，月世界當地人很推薦的特色料理還有「泥火山雞」跟「泥火山鹽烤蝦」，主要是用火山泥包裹，需費時三小時烘烤的土雞料理，也千萬別錯過，貼心提醒要記得提前預訂喔！來到月世界，千萬別忘了到「月世界地景公園」一起來漫步月球，再來品嚐一下道地的正土雞料理。

月球土雞城的三杯雞，汁收得夠乾，所以每一口咀嚼都相當的有味道，薑片吃來酥香，也是店家的招牌料理

地景公園裡規劃的很完善，是健行跟攝影的好去處，走累了也有涼亭供遊客休憩乘涼

登上嫦娥奔月絲路天空步道，即可美景盡收眼底

月世界地景公園停車場旁的日月禪寺，雖僅有四十年歷史，但雄偉壯觀的樣貌讓月世界風景更增添莊嚴與靜謐

月世界月球路號稱田寮山產一條街，來到這裡一定要嚐嚐最道地的正土雞料理

INFO

### 月世界地景公園

**地址**：高雄市田寮區崇德里月球路 36 號

**電話**：07-6367036

**營業時間**：月世界全天候開放（地質解說中心 10:00-17:00）

**店休日**：無

**交通資訊**：

1. 自行開車，由國道一號，路竹交流道下，續行 184 縣道至崗山頭再行 5 公里可見標示，沿指標續行即可到達田寮月世界。
2. 搭乘臺鐵至高雄站下，轉搭高雄客運（往旗山）至月世界站即達。

# 5 衛武營彩繪社區

高雄苓雅區新景點

「衛武營彩繪社區」是全臺灣首座大型街頭塗鴉社區，也是高雄老社區重生為文藝彩繪社區的代表作。從 105 年起，由高雄市府民政局與高雄苓雅區公所，邀請國外各國國際知名藝術家與臺灣頂尖藝術創作者，在衛武營社區進行大規模的壁畫彩繪。

歡迎來到我的房間 / 臺灣創作者：楊惟竹

## 超過 20 幅巨型彩繪壁畫，等你來拍照打卡

經由這些藝術家合作重新打造衛武營舊社區，一筆一畫將老舊牆面注入活力，已經變為元氣十足的藝術彩繪村。衛武營社區內大樓大部分皆在 3 層樓以上，彩繪期間出動高空車協助進行彩繪，可想而之工程浩大！現在的「衛武營彩繪社區」有超過 20 幅巨型彩繪壁畫，分布在衛武營社區各個巷弄內，等你來尋找。

## ❖ 邀 18 個國家的藝術家共同彩繪，成為超熱門景點

「衛武營彩繪社區」邀請臺灣、比利時、西班牙、巴西、馬來西亞、美國、波多黎各、泰國、澳洲、義大利、荷蘭、瑞士、加拿大、俄羅斯、法國、墨西哥、智利……等 18 國的藝術家，共同創作彩繪，並在 2018 高雄苓雅國際街頭藝術節，大力宣傳曝光，吸引各地遊客與粉絲前來朝聖，是高雄熱門的旅遊景點之一。

衛武里羚羊創意座 / 西班牙創作者：Okudart

金魚 / 臺灣創作者：簡榮廷

吸著臺灣波霸奶茶和吃著臺灣鳳梨書 / 瑞士創作者 Cath Love

油漆刷裝置藝術 / 荷蘭創作者 Levi Jacobs 設計的巨人女孩作品

## ❖ 交通超便利，在捷運出口 5 號旁

「衛武營彩繪社區」位於捷運衛武營站 5 號出口旁，交通便利，整個彩繪社區漫步欣賞、開心合影，大約要 40 分鐘至 1 個小時左右，記得搭配「衛武營彩繪社區地圖 QR code」才不會錯失重要的藝術彩繪作品。

從捷運衛武營站步行至「衛武營彩繪社區」，首先看到的是巨型大書櫃，是臺灣創作者楊惟竹（BAMBOO）的作品，主題是「歡迎來到我的房間」，結合 3 層樓寬大獨棟建築，以寫實風格彩繪出色彩顯明的巨型書櫃。站在巨型書櫃彩繪牆前，每個人就像是小人國子民，成為「衛武營彩繪社區」的人氣第一名，同是也是高雄知名的打卡景點。

衛武里羚羊公仔 / 臺灣創作者：楊惟竹

猶如海底世界的大型彩繪壁畫 / 臺南創作者：陳世賢

「回鄉文創」結合彩繪牆及彩繪的作品集 / 臺灣創作者陳世賢

左：比利時創作者 Pso Man；
右：北美紅雀 / 巴西創作者 Arlin Graff

荷蘭創作者：Levi Jacobs

巨型羚羊，角幻化成珊瑚 / 臺灣創作者 Leo 何彥霖

以水母和猴子一同玩樂為主題 / 臺灣創作者 Leo 何彥霖

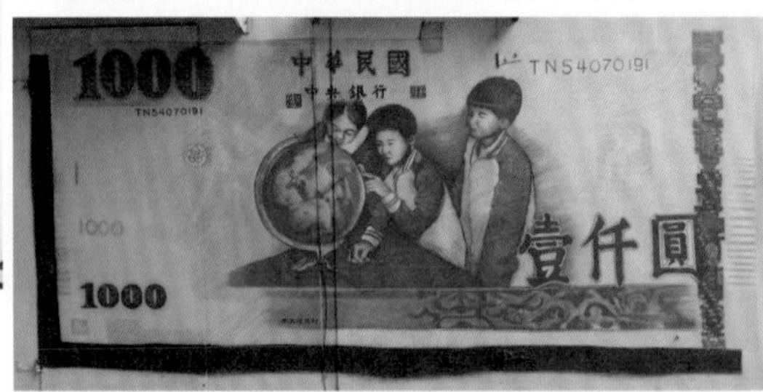


少一位小朋友的 1 千元紙鈔「回鄉文創」/ 臺灣創作者陳世賢

INFO

**衛武營彩繪社區**

**地址**：高雄市苓雅區建軍路上（建軍跨域基地旁）

**電話**：無

**營業時間**：全天

**店休日**：無

**交通資訊**：

1. 搭乘 53A、53B、73、橘 7A、橘 7B、紅 21、黃 2A、黃 2B、黃 2C 公車於國軍高雄總醫院下車即抵達。
2. 搭乘高雄捷運到衛武營站，往 5 號出口出站，步行 1 分鐘（約 70 公尺）。

官網

作品描述對社會議題的批評與反思 / 臺灣創作者 Candy Bird

加碼推薦附近位於捷運衛武營站 5 號出口另一邊的「衛武營國家藝術文化中心」，於 2018 年 10 月 13 日正式啟動，所屬於高雄鳳山區。銀白流線壯觀建築，是由荷蘭建築師 - 法蘭馨・侯班（Francine Houben）以衛武營榕樹群為靈感所設計，整個「衛武營國家藝術文化中心」佔地 9.9 公頃，建築面積 3.3 公頃，涵蓋歌劇院、音樂廳、戲劇院、表演廳，是指標性的國家級表演藝術中心，推薦加入必訪景點名單中。

6

# 壽山動物園

臺灣規模第二動物園

臺灣規模第二動物園「壽山動物園」，最早成立於民國 67 年 7 月 1 日，隸屬高雄市政府工務局所轄之「高雄市西子灣風景特定區管理所」，初創命名為「西子灣動物園」。

壽山動物園入口處

## 壽山風景區必訪景點，高雄唯一動物園

在民國 72 年動物園新園區闢建工程改由工務局新建工程處接辦至完工，於民國 75 年 6 月 15 日，對外開放參觀，成為現今的「壽山動物園」，隸屬高雄市政府觀光局。「壽山動物園」位於壽山風景區，是高雄唯一的動物園，每到假日總是人潮湧動，是玩樂兼具教育性質的親子觀光景點，暑假期間的週六週日加碼夜間開放入園，營業時間延長至 20:00，夜間開放期間，會另外不定期在親水廣場舉辦活動表演。

行經壽山動物園步道有臺灣獼猴，小心安全

### ❖ 參觀票價

全票 $40，半票 $20，團體票（20 人以上）全票 8 折、刷一卡通入園享 85 折（未滿 6 歲兒童、65 歲以上長者持有身分證明，可免費參觀）。

在步行前往「壽山動物園」步道或園區內皆要注意有「野生臺灣獼猴」覓食，手拿食物或與兒童同行請勿靠近臺灣獼猴，隨時注意安全。進入園區即可看見「遊客服務中心」，服務項目有：娃娃車和輪椅租借，並設有哺乳室、簡易護理室、置物櫃、廣播服務，提供給需要的遊客使用。

想來趟輕鬆舒適的遊園體驗，可選擇另外購票搭乘「ZOO ZOO BUS 遊園車」，它是節能無噪音的電動遊園車，車型分為：叢林號和海洋號，平日遊客滿車後發車，例假日每 20 分鐘一班車，行駛同時配合語音導覽解說，讓你快速了解動物園各區域。

「壽山動物園」的動物分為：草食、肉食、雜食、禽鳥、兩棲爬蟲、靈長類。推薦必訪「友禽天地」，館內有宛如世外桃源的瀑布造景，禽鳥種類眾多，優雅愜意地漂遊在水面，美不勝收，最有趣的是完全不怕生的孔雀，會優雅地走到人行步道，讓遊客又驚又喜。

ZOO ZOO BUS
遊園車/叢林號
（付費購買車票）

睡著的非洲獅少了兇猛樣

沼林袋鼠的樣子惹人喜愛

俗稱草泥馬的羊駝很萌

看起來很悠哉的白老虎

體型龐大的美洲野牛

單峰駱駝很「接地氣」

在洞旁的臺灣黑熊

毛像針刺的冠豪豬

孔雀優雅地在人行步道穿梭

灰頸冠鶴風采
不輸大明星

看來笨拙卻可愛的亞達伯拉象龜

一臉兇相的眼鏡凱門鱷

動物園區分為：A 兒童牧場、B 非洲動物區、C 臺灣原生區、D 靈長動物區、E 亞洲動物區、F 美洲動物區。記得先到遊客服務中心拿一份地圖，依照地圖自由選擇參觀路線。

兒童牧場每天在二個時段（時間：10:00、14:00），現場會分發牧草，讓大家體驗親近餵食波爾羊的樂趣，活動主要以兒童為優先發放，發完為止，雨天會暫停活動。

親子共遊的旅客，記得多帶一套換洗衣物，因為還有很好玩的戶外戲水區域「親水廣場」，參觀走完動物園一圈後，滿身大汗，玩水消暑再適合不過，沒帶也沒關係，附近有商店可以購買泳衣和簡易衣物（親水廣場，每週四早上清洗保養不開放）。離開前，別忘到充滿叢林氣息的「動物商店」逛逛，有眾多可愛的動物玩偶、吊飾、T 恤……等，喜歡就可買回家作紀念。

老少咸宜的兒童牧場

10:00、14:00 發放牧草（發完為止）

開心餵食波爾羊群

動物園的餐飲服務是由知名連鎖品牌「麥味登」進駐，餐點有義大利麵、燉飯、三明治、漢堡……等，提供給肚子餓的遊客們，戶外另設立的兒童遊樂車道，投幣即可玩一圈，也相當受歡迎。

夏天孩子最愛去的親水廣場

「餐飲服務區」前有付費遊樂小車設施

INFO

**壽山動物園**

**地址**：高雄市鼓山區萬壽路 350 號
**電話**：07 521 5187
**營業時間**：09:00-17:00（16:30 停止售票入園）
**休園日**：週一及除夕（若週一適逢國定假日則照常開放）

官網

**交通資訊**：
1. 搭乘 56、56 區間車公車於壽山動物園站 下車後，步行 2 分鐘（170 公尺）
2. 自行開車：走國道一號，於 362- 鼎金系統出口下交流道，走國道 10 號，朝左營前進，接著走翠華路（西部濱海公路 / 臺 17 線），再右轉華安街，左轉鼓山三路至二路（市 7 鄉道），於興隆路向右轉，再從興隆路靠左行駛進入萬壽路，車停至壽山動物園停車場，步行 9 分鐘即可抵達。

販售可愛動物相關商品的動物商店

7

# 瑞豐夜市

## 高雄必逛人氣夜市

說到高雄的必逛夜市，首推一定是「瑞豐夜市」了。擁有 20 年歷史的「瑞豐夜市」，占地約上千坪，目前超過千家的攤位，可說是高雄市最具規模的夜市。

有二十多年歷史的瑞豐夜市是目前高雄最火紅的夜市

### 吃喝玩樂一次滿足的瑞豐夜市

只要來一趟「瑞豐夜市」，吃喝玩樂一次都可以滿足。在瑞豐夜市裡，可以滿足普羅大眾想要的慾望，從小吃、飲品到服飾、鞋包以及各項娛樂設施攤位……等，加上瑞豐夜市週邊就有捷運站，擁有便利的交通抵達方式，到高雄來的旅人即使住宿不是規劃在「瑞豐夜市」附近，搭乘高雄捷運至三民家商站下車，步行約莫五分鐘就可以到達，實在是很方便。因此，「瑞豐夜市」不僅是在地高雄人每晚品嚐小吃的集散地，更是許多外地遊客與外國觀光客來高雄必逛的夜市。

瑞豐夜市人氣牛排 - 萬國牛排，是美食節目的常客，分量大又平價，加麵不加價，花 100 多元就可以吃飽飽

瑞豐夜市內人氣一樣破表的牛排 - 廚閣牛排，分量夠誠意，平價又好吃，CP 值超高

### 乾淨好逛的夜市，融合新舊的小吃

「瑞豐夜市」跟一般的夜市不太相同，它的攤位不是無秩序的擺設在幾條路上，而是擺在一片專屬的空地上，除了便於管理外，攤位與攤位之間也比較接近，加上整個夜市管理得很乾淨，所以特別好逛。「瑞豐夜市」有許多特色小吃，甚至有許多店家都是在地經營 20 年了，除了各有特色外，也有不少新興的小吃，新潮流的口味與舊小吃通通都有，滿足每一個年齡層的喜好，像是每一次去逛都會發現多了一些新奇的小吃，讓人充滿新鮮感，這也是讓「瑞豐夜市」一直很受歡迎的原因之一。

### 必吃的萬國牛排、廚閣牛排

來到「瑞豐夜市」必吃的有：萬國牛排、廚閣牛排，這兩家鐵板牛排攤位特別大，生意特別好，每到營業時間，廚師煎牛排的手幾乎就沒停過，除了價格非常親民，餐點價格幾乎都在百來元左右，還可以加麵不加價、紅茶和濃湯免費享用，CP 值超高。

### ✤ 不可錯過的沖繩酥炸大魷魚

「瑞豐夜市」人氣王，應該就屬這一家：沖繩酥炸大魷魚，被封為是來「瑞豐夜市」絕對不可錯過的一攤美食小吃，不過這家排隊的人潮通常都非常的多，生意好到要拿號碼牌，所以想吃可要有耐心。酥脆的麵衣裡，可吃到爽脆厚實又多汁的大魷魚，來「瑞豐夜市」沒吃這家，保證你會後悔。

### ✤ 一吃就停不了嘴的蒜味豆干

古早味的蒜香豆干，滷製入味的豆干淋上蒜香風味的滷汁，每一口豆干都吸附著滿滿的湯汁，一吃就停不了，喜歡吃辣的人別忘了請老闆加上一點店家手工特製的辣椒，更夠味唷！

瑞豐夜市必吃的沖繩酥炸大魷魚，堅持現炸，大尾過癮，酥脆好吃

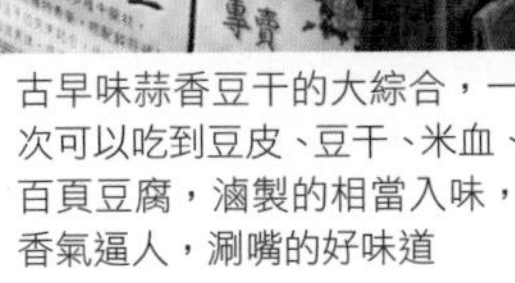

古早味蒜香豆干的大綜合，一次可以吃到豆皮、豆干、米血、百頁豆腐，滷製的相當入味，香氣逼人，涮嘴的好味道

沈家東山鴨頭，堆積如山的食材不難看出生意之好，滷得很入味，就連骨頭都可以吃到東山鴨頭特有的甜味與香氣

### ✤ 排隊排很久的沈家東山鴨頭

沈家東山鴨頭也是「瑞豐夜市」的人氣攤位，常常都要排好久的隊才買的到，攤位上的品項很多，口味豐富且不油膩，非常推薦他們家的鴨脖子、百頁豆腐跟豆干，吮指回味。

### ✤ 美食節目都推薦的翅包飯

現烤的翅包飯，也是許多美食節目報導過的瑞豐必吃小吃，選用尺寸超大的雞翅，雞翅內還包入炒飯，讓你一邊吃雞翅一邊吃到粒粒分明的炒飯，外皮的雞翅因為烤過將油脂逼出，吃起來焦香又酥脆，大力推薦。

除此之外，像是入口處的阿東烤肉、檸檬愛玉，八里老街花枝燒、古早味青草茶、日式麻辣黃金魚蛋、烤鴨夾餅、木瓜牛奶、果汁滷的鳳爪……等，都是不錯的選擇，喜歡吃海鮮的朋友，每盤 100 元的烤生蠔也絕對不可以錯過喔！

吃飽喝足，當然要來娛樂一下，「瑞豐夜市」的流行服飾飾品攤位跟娛樂攤位非常的多，光是服飾鞋包區就讓人逛到眼花撩亂，娛樂攤位則有夾娃娃機、投籃機、古早味彈珠臺、套圈圈、射飛鏢……等。

來到「瑞豐夜市」跟著人潮走準沒錯，這裡有不少都是媒體爭相報導的店家，附近的巷弄也有滿多的餐廳美食與韓國流行服飾，或是逛逛巨蛋絕對讓你滿載而歸。「瑞豐夜市」週邊也有相當多的景點，像是春秋閣、蓮池潭、壽山動物園、高雄市立美術館 ... 等，規劃到「瑞豐夜市」吃美食的朋友，可以白天賞玩附近的旅遊景點，晚上到「瑞豐夜市」吃吃喝喝玩玩唷！記得記得，一定要準備好你的胃，走吧！一起航向豐富的瑞豐夜市美食之旅。

阿東烤肉，賣相普普但口味獨特

瑞豐（昌）鳳爪，滷製入味，價格實在

喜歡吃海鮮的朋友，瑞豐夜市這裡的現烤蚵、烤大蝦攤位也不少

蚵仔煎和臭豆腐，最能代表臺灣的地方小吃，別忘了來上一盤

入口處的檸檬愛玉粉圓，酸甜好滋味

瑞豐夜市的娛樂攤位跟衣服鞋包攤位都非常多，不僅好吃好玩也好好逛

瑞豐夜市各式小吃種類多樣，逛上一圈就撐著了

INFO

### 瑞豐夜市

**地址**：高雄市左營區裕誠路和南屏路段
**電話**：無
**營業時間**：18：30-01：00
**店休日**：週一、週三
**交通資訊**：

1. 搭乘高雄捷運於巨蛋站下車，出站後走博愛二路，右轉裕誠路，步行約 400 公尺即達。
2. 搭乘高雄市公車 3、紅 36 號，於高雄市立三民家商站下車，步行約 3 分鐘可達。

KINDNESS HOTEL

Part 6

Kaohsiung

# 高雄 旅店推薦

由於高雄市政府從2019年開始，全力推動觀光，帶動高雄旅遊熱潮，使得高雄旅店變得強強滾，這也促進高雄旅店的品質，不只居住環境舒適、交通便利，還有服務佳、價格優惠等優點。

如果你是一般的觀光客或商務人士，可以選擇價格平實的康橋大飯店，如果你是想省荷包的背包客，可以選擇經濟實惠的承億輕旅，如果你想享有五星級飯店般的尊榮享受，那麼你可以選擇高雄國賓大飯店……，另外，英迪格酒店和頭等艙飯店也是值得推薦的好旅店。

1

# 康橋大飯店

## 高雄站前館

提到南部的住宿連鎖品牌，我第一個想到的就是這家「康橋連鎖旅館」，更多人熟悉的名稱是最早之前的「康橋商旅」、「康橋大飯店」，不過指的都是此「康橋連鎖旅館」體系。

餐廳提供 24 小時服務

飯店公共設施新穎，提供雜誌與上網服務

### 康橋連鎖旅館品牌緣起高雄

「康橋連鎖旅館」在彰化員林、臺南、高雄、花蓮、臺東都有分館，共計有 18 間旅館。因「康橋連鎖旅館」品牌緣起高雄，所以高雄的分館多達 13 間，而「康橋大飯店─高雄站前館」鄰近高雄火車站，地理位置、交通便利，住宿價格平實，是很多觀光遊客、商務人士的高雄住宿首選。

所有的「康橋連鎖旅館」，提供免密碼無線網路 wifi、免費自助式洗烘衣機、免費出借小摺腳踏車，還有免費的豐盛早餐、消夜、午茶甜點自助吧，櫃臺也提供詳盡的旅遊資訊圖，住客皆可自由索取。

#### ✤ 飯店公共設施一應俱全

走進「康橋大飯店─高雄站前館」，大廳新穎又乾淨，櫃臺人員笑容可掬。大廳入口旁就有高雄旅遊資訊和書籍、各種雜誌可供取閱；商務中心備有電腦上網、列印服務；餐廳 24 小時提供多款點心茶飲自由取用，早餐和消夜時段會有豐盛的餐點，住戶都可免費享用呢！

## ✤ 住宿房型滿足不同旅客的需求

「康橋大飯店—高雄站前館」有多種住宿房型：標準雙人房、商務雙人房、商務兩小床房、標準三人房、精緻三人房、精緻四人房、豪華六人房……，能滿足不同旅客的住宿需求。每間房型，皆提供兩用商務梳化妝桌，浴室為乾濕分離，皆升級使用免治馬桶，更貼心的是飯店為了因應男女清潔習慣提供了不同的沐浴用品：男用以清爽取向，女用則以滋潤為主；另備有洗面乳、護膚乳液、潤絲精，只能說「康橋連鎖旅館」在大家沒留意到的微小地方都幫旅客注意到了，讓你在住宿期間，感受到比在家更便利和輕鬆的貼心體驗。

## ✤ 商務雙人房舒適又便利

商務雙人房，為一大雙人床，舒適的床鋪軟硬適中，讓你一覺好眠。大面窗戶的設計，讓房間採光良好。茶水臺提供加熱電水壺，下方備有小冰箱，可冷藏旅遊時購買的食物。空間小巧卻不擁擠，貼壁的梳化妝臺，亦可當商務辦公桌，多個插頭和網路插座，滿足商務人士的辦公需求。房間內有多個收納空間，如：落地大衣櫃、穿衣鏡、大抽屜、床頭櫃……等。浴室擁有乾濕分離設置，不用擔心洗澡後浴室溼答答，還貼心備有男女專用的沐浴用品呢！

商務雙人房

### ✤ 商務三人房滿足商務和小家庭需求

商務三人房，提供一大雙人床和一小單人床的床鋪，滿足小家庭和三人住宿需求。兩扇大窗，擁有良好採光，兩用設計的商務辦公桌、化妝桌以及茶水檯和小冰箱的便利生活功能。

### ✤ 商務四人房空間更寬敞

商務四人房，提供有兩大雙人床，同樣的房間設施服務，空間更寬敞。

## 康橋大飯店 六合夜市七賢館

我特別推薦，同樣在高雄車站附近、鄰近「高雄捷運－美麗島站」、「六合觀光夜市」的「康橋連鎖旅館」品牌分館：「康橋大飯店—六合夜市七賢館」。

商務三人房

商務四人房

### ❖ 五星級飯店的享受，吃到飽的晚餐服務

此為所有分館中唯一提供如五星級飯店規格般服務的分館，一入大廳即可看見色彩繽紛的長型燈籠懸掛大廳天花板，感覺氣派且豪華，大廳兩側提供整排的餅乾、甜點蛋糕櫃、咖啡茶飲櫃、杜老爺冰淇淋櫃，入住旅客皆可自助式免費取用。「康橋大飯店一七賢館」還提供吃到飽餐廳的晚餐服務，多種精緻且美味的餐點，還有現煮擔仔麵、麻辣關東煮……都能無限享用。而無論您住哪間分館，可別忘了在消夜時段，品嚐一碗旅店為您烹煮的擔仔麵。

「康橋大飯店一七賢館」外觀

大廳

INFO

**康橋大飯店高雄站前館**

官網

**地址**：高雄市三民區建國二路 295 號
**電話**：07 238 6677
**營業時間**：全天
**店休日**：無
**交通資訊**：
搭乘高雄捷運紅線到高雄車站即達。

高級自助式吃到飽服務，為「高雄七賢館」獨有提供

# 2 承億輕旅高雄館

## 新型態文化青年旅館

「Light Hostel 承億輕旅」臺灣首創新型態文化青旅連鎖品牌，在 2015 年暑假創立以簡約空間設計和自助式旅宿文化為概念，快速在臺灣打響知名度。

承億輕旅外觀頗具特色

### 在美麗島捷運和六合夜市附近

高雄青年旅館「Light Hostel 承億輕旅 高雄館」從 2016 年 8 月創立至今，以提供旅客經濟實惠和優質住宿環境，深受年輕背包客的喜愛，「Light Hostel 承億輕旅」另有臺南、嘉義、花蓮分館，規模不容小覷。

「Light Hostel 承億輕旅 高雄館」有很好的地理優勢，離高雄最美的捷運站「美麗島站」很近，「美麗島站」更是被美國旅遊網站「BootsnAll」評選為全世界最美麗的 15 座地鐵站第二名，聞名國際，在本書中的 PART5 有介紹，建議可以一遊。從美麗島站 9 號出口出站即可看見「承億輕旅」，交通便利，轉角走不到 100 公尺是高雄具代表性的「六合觀光夜市」，它是南臺灣最早設立行人徒步區的國際觀光夜市，推薦晚上來逛夜市吃古早味美食，體驗高雄夜市小吃的魅力。

## ❖ 以背包房為主，價格平易近人

「承億輕旅」主要以背包客、小資族最愛的背包房為主，床位落在 500 元上下，區分為混合背包房和女性專屬背包房。另可選擇：單人雅房、雙人雅房、雙人套房、四人套房，價格同樣平易近人。

進入「承億輕旅」，大廳空間是輕旅櫃檯和交誼廳，辦理進房手續後，會拿到拖鞋，進入館內需換上拖鞋，自己的鞋子放進相對應的房號鞋櫃，旁邊另設立一間行李房，供住客寄放行李，因為是公共區域，重要物品建議隨身攜帶比較保險。

進入「交誼廳」往房間方向，就需更換上拖鞋，交誼廳牆面設計的高雄美食景點結合捷運路線地圖，能快速幫助觀光客了解大致的所在位置，這裡還備有一台公共電腦提供給旅客使用。「承億輕旅」非 24 小時全天營業，小管家的上班時間 08:00-22:00，22:00 後用房卡進出輕旅即可，若有緊急事件，可撥打小管家熱線。

接待櫃檯緊連著交誼廳

大廳環境圖（左：行李間、換鞋鞋櫃間，右：房間入口）

地下室「公共空間」舒適寬敞

地下室獨立「公共空間」是屬於背包客的活動場地，強烈的個性風格和寬敞舒適的空間，這裡是輕旅的第二個交誼廳，你可帶本書或筆電享受個人時間，也可與朋友玩桌遊、看漫畫或是看電視，共用廚房有：冰箱、微波爐、烤麵包機，可自己煮泡麵或買食材作簡易料理。

「女性專屬背包房」共有2間，每間可容納6～8位。每個床位有私人窗簾、個人床頭燈、電源插座、保管櫃、床邊掛鉤，背包房無提供毛巾、浴巾、牙刷、浴帽組……等備品，如需要可現場加價購買，價位都在10元左右。共用浴室，有男女之分，採雙層門設計，隱密性佳，貼心備有基本備品（梳子、棉花棒…等），但是間數不多，建議自行調整選擇時段才不會久等。

公共空間的共用廚房乾淨明亮

女性專屬背包房

共用浴室清潔明亮

雅房系列有：單人雅房和雙人雅房，有屬於自己的獨立空間，房間設計採用柔和暖色系，小巧溫馨，除了沒獨立的衛浴設備外，檯燈、小書桌、電視機、毛巾、完整備品組一應俱全，適合預算考量的小資族。

預算夠的話，最推薦住宿套房系列，套房有雙人套房和四人套房，適合一般朋友、情侶、家庭族群；房間設計和雅房大同小異，有獨立衛浴，採淋浴乾濕分離，沐浴用品選用上山採藥品牌，房間內大部分該有的設備都具備，價格比一般飯店來得親民許多，假日總是一房難求。

單人雅房設備簡單乾淨，但無衛浴

雙人套房設備簡單乾淨

雙人套房的衛浴空間清潔明亮

四人套房與雙人套房大同小異

四人套房的簡易書床

四人套房的衛浴空間

住宿雅房和套房房型有提供餐券，可兌換消夜或早餐，消夜有「咕嚕叫土司」和本書 PART2 推薦的六合觀光夜市「鄭老牌木瓜牛奶」，早餐店也在附近走路 2 分鐘就可以到達。想省荷包來高雄住宿幾晚，「承億輕旅」無庸置疑是最好的選擇，讓你省下的住宿花費，可以一路順著高雄捷運吃喝玩樂，輕鬆無負擔。

INFO

**Light Hostel 承億輕旅 高雄館**

**地址**：高雄市新興區中山一路 145 號

**電話**：07 288 1212

**營業時間**：08:00-22:00

**店休日**：無

**交通資訊**：

1. 搭乘 12A、12C、52A、52B、60、69A、69B、72A、72B、100、218A、218B、224、248 號公車於六合夜市（大港埔）站下車後，步行 2 分鐘（約 140 公尺）。
2. 搭乘高雄捷運到美麗島站，9 號出口出站即達。

官網

3

# 高雄國賓大飯店

## 愛河畔欣賞迷人的港景

開業已經超過 35 年的「高雄國賓大飯店」佇立在有「臺灣塞納河」之稱的愛河畔，港都的海景與壽山美景盡收眼底，從不同角度都可以欣賞到不同的港都風情，夜間能欣賞到絢麗燦爛的光雕橋或搭乘愛之船乘著微風來一趟浪漫的愛河巡禮，近距離體會驚豔的河岸風情。

「高雄國賓大飯店」依傍在愛河畔，與愛河地標「鰲躍龍翔」相互輝映，當夜幕低垂，五彩繽紛的燈光投射，更顯浪漫

### 觀光局評鑑五星級的大飯店

由於位於市中心的優越地理位置，鄰近六合夜市，距離高雄車站也僅僅只要 10 分鐘車程，可滿足逛街購物、休閒、洽公……等多樣的需求，加上是老字號的大飯店，也是全臺首波通過觀光局評鑑五星級的大飯店，所以一向是許多觀光客與旅人住宿高雄的首選飯店之一。

飯店大廳空間寬敞明亮，加上挑高的設計，典雅中帶點豪華氣派感

金箔圓頂的迴廊，整體優雅又質感

以代表本土精神的黑熊做為吉祥物，可愛又討喜

### ❖ 優雅氣派，寬敞明亮的溫馨舒適空間

一走進大廳，溫暖的燈光、寬敞又挑高的設計搭配金箔圓頂的迴廊，給人優雅氣派的感覺。館內展示了各項華麗古典藝術品，帶有歐式古典主義的獨特風格，寬敞明亮簡潔俐落的舒適空間，給人質感大器又帶有居家溫馨的恬適感。儘管是老字號的飯店，但是「高雄國賓大飯店」卻是不斷地重新裝潢，所以裡裡外外看起來依舊是非常的新穎。

在飯店設施部分，設有：戶外游泳池、超音波冷熱水池、健身房、烤箱、蒸氣室、商務中心……等，不管是出差洽公的商務人士或是休閒慢活的旅人，都能滿足不同的需求，提供滿滿的活力與健康來源。

一樓的戶外星光池畔，是婚宴與派對的好選擇

Corner Bakery 63 國賓麵包房，提供精緻糕點、蛋糕及道地的法國麵包

### ❖ 歐風典雅設計，提供現代化的設備

「高雄國賓大飯店」有 451 間客房，以歐風典雅為設計主軸，搭配寬敞明亮的空間，房型種類也很多樣化。想要有寬敞的辦公空間、獨立的活動客廳加臥室，選擇「國賓套房」就能享受到豪華尊爵的住宿品質；想要夜晚能欣賞愛河畔的迷人港景風采，選擇港景套房，就可享有絕佳的 View，讓旅途更增添浪漫情懷。

客房內均提供免費 Wi-Fi，所有套房以及部分客房（除兩床房型的客房外），皆使用 TOTO 多功能免治馬桶，乾濕分離的衛浴與現代化的視聽設備，提供房客舒適的空間與享受。

重新裝修的一樓 i River 愛河牛排海鮮自助餐廳以海盜船為設計主題，充滿活力氛圍

iRiver 愛河牛排海鮮自助餐廳，餐點不斷的推陳出新，各國料理通通有

尊榮港景客房，風雅品味，採乾溼分離的衛浴設備，並有獨立的淋浴間和 TOTO 免治馬桶

一樓 iRiver 愛河牛排海鮮自助餐廳的甜點選擇多，口味精緻

豪華港景客房，推開窗廉，整個愛河畔的 View 非常的美麗，夜晚華燈初上更有一番浪滿唯美感

### ❖ 館內餐廳提供中西式餐飲、點心，應有盡有

「高雄國賓大飯店」的餐飲設施一直是非常受歡迎的，館內餐廳包含有：正宗道地的川菜、精緻的廣東菜，而結合中日西式的 Buffet，提供了各式海陸總匯精緻餐點、融合法日奢華風格的甜點。另有南洋風的湖畔啤酒坊及幽靜的咖啡廳，可謂是多國料理、咖啡調酒、精緻甜點……等在這裡都能品嚐的到，更是不少公司行號尾牙聚餐、新品發表會以及新人婚宴的首選。特別推薦位於一樓的 i River 愛河牛排海鮮自助餐廳，不管是田園沙拉、日式海鮮、風味烤肉、異國熟食……等多樣化又精緻的餐點，總是能帶給我滿滿的驚喜。

另外，位於一樓的戶外星光池畔，據說是目前高雄最熱門的婚宴與派對場所，想要舉辦浪漫的池畔婚禮不用出國，來國賓就能感受到。Corner Bakery 63 國賓麵包房，則是結合了法式傳統與日式完美主義，所製作的糕點、蛋糕也是許多遊客挑選伴手禮的好選擇，若是選擇在「高雄國賓大飯店」住宿，我相信「高雄國賓大飯店」的各式餐廳，絕對可以為這趟旅途加分不少。入住「高雄國賓大飯店」可造訪的週邊景點有：愛河、光之穹頂、城市光廊與六合夜市，都是步行就可到達的熱門景點，距離高雄捷運站也不遠，交通便利，很適合沒有交通工具的旅人。

以住房品質與價格以及週邊附屬的景點甚至是交通機能，「高雄國賓大飯店」是 CP 值高的一間飯店，也是您造訪港都的好選擇。來到高雄遊玩，不妨到愛河畔住一晚，享受這美麗河畔相伴的夜晚！

國賓套房，有玄關、獨立的一廳一臥，客廳另有單獨的廁所，主臥的衛浴室採乾溼分離、還有泡澡浴缸，盥洗用品則是採用歐舒丹系列，非常講究

INFO

**高雄國賓大飯店**

官網

**地址**：高雄市民生二路202號

**電話**：07 211 5211

**營業時間**：全日

**店休日**：無

**交通資訊**：

1. 搭高雄捷運紅線到中央公園站（R9）下車，步行至高雄國賓大飯店約 10 分鐘。
2. 自行開車：由國道 1 號的 367B- 高雄出口下交流道，走中正一路接中正二路、於民族二路向左轉接民生一路、民生二路即可到達。

## 4 Hotel Indigo 高雄中央公園

英迪格酒店

「英迪格酒店」為「洲際酒店集團」旗下的高級精品酒店連鎖品牌之一。世界知名的「英迪格酒店」在全球共有100多家酒店，而「高雄中央公園英迪格酒店」則是全臺灣第一家「英迪格酒店」，極具指標性的高雄國際精品酒店。

粉嫩吸睛的住客服務櫃檯

### 高雄中央公園英迪格酒店 展現獨特的在地風情

「英迪格酒店」雖遍布全球，但每一間「英迪格酒店」都是獨一無二的設計，融入當地的文化背景和歷史人文。無論從建築外觀、室內設計或是餐飲，都展現了在地風情，從酒店外至內部空間，彷彿處於一間現代藝術館中，在每個角落發現驚喜，也體會酒店的用心和貼心。

### ❖ 傳遞港都風情的裝置藝術，獨特的房型設計

一走進「高雄中央公園英迪格酒店」，大廳就可見許多代表港口的裝置藝術，如酒店入口的船頭、船錨、纜繩沙發，代表著大船入港，展現了高雄這個工業型港都城市面貌。住客服務中心的接待櫃檯，有著吸睛的粉紅色外觀，一個個大小抽屜，實際為報關行的概念設計：當貨櫃船入港，卸下貨品前必須報關，許多報關文件必須在報關行蓋上戳章後，貨物就可順利的送入高雄。而櫃檯上方的一盞盞愛迪生燈泡，則為漁船上常見的照明工具，至今仍在使用呢！

酒店一樓除住客服務中心外，另有一家餐廳和咖啡廳。櫃檯和咖啡廳間使用大張鐵網區隔，象徵漁網，而鐵製材質反映高雄的重工業文化特性。在「高雄中央公園英迪格酒店」，能深深感受到酒店設計師的創意設計、費心融入的背景文化，用藝術傳遞高雄港都風情！連酒店的每間房型，都展現獨特的設計理念，值得細細品味。而且交通便利，鄰近大統百貨、中央公園、高雄捷運中央公園站……，如果要去新堀江商圈、城市光廊用步行即可達，很適合沒交通工具的外地旅客來住宿。

大廳裝置藝術，象徵大船入港

一樓咖啡廳和餐廳

健身房

### ✤ 公共設施：健身房

小而巧的健身房，有門禁管控，只有住宿旅客才能入內使用。提供跑步機、飛輪、踏步循環機、瑜珈墊、瑜珈球…等設備，更貼心準備毛巾、水果，若沒有攜帶運動鞋，這邊也提供租借使用。

### ✤ 公共設施：會議室

酒店的地下一樓，設有2間會議室，提供各式會議活動的對外租借使用。會議室特別採用亮眼的黃色貨櫃屋設計，室內提供會議所需的投影相關設備，室外貼心準備了會議中場休息專用的餐飲吧檯空間。

會議廳環境

電梯區的藝文裝飾牆

「高雄中央公園英迪格酒店」提供共 129 間客房和套房，房間坪數寬敞、景觀良好，更代表高雄獨特的歷史和人文故事，例如：報關戳章、木箱、罐頭、舶來品、格子趣、童年零嘴…等在地元素巧妙融入設計概念，使現代設計風格充滿藝術氣息，訴說港都的過往今來。

每層住宿樓層的電梯等候空間，都有一面裝飾文藝牆，每層樓皆有不同的設計風格，如：黑膠唱片、年代酒標、老舊海報展示…等。而每間客房都配備了超大睡床、高速網路連接、水療式淋浴…等高品質的各項設備，床邊更提供了多國語言翻譯機，方便國外遊客溝通。

### ✤ 住宿空間 - 英迪格豪華客房

房間牆面裝飾著許多罐頭醃漬品的圖片，其設計背景源自早期貿易頻繁的高雄港，當時主要輸出品為：香蕉、木材、米、鹽、砂糖，主要輸入品為：麻袋、鐵、罐頭、菸酒……等。此主題客房藉由罐頭醃漬品牆面，去表達當時的民生環境；兩側床頭櫃為剖半罐頭的造型，也增添了趣味性，更是美食評論家胡天蘭特別推薦的房型。

開放性衣櫃、置物櫃、大面穿衣鏡的設置，於視覺上有放大效果；色彩繽紛的沙發桌椅，點亮某個角落；門旁的茶水空間，貼心提供免費的膠囊咖啡機，抽屜和冰箱內的臺灣零食和各式飲品皆可自費取用。

浴室空間提供乾濕分離，牆面特別選用了臺灣早期的六角型復古磁磚，現已十分少見！藍色海洋的復古磁磚，代表了「Indigo 英迪格酒店」的顏色，讓人感覺平靜且舒服。浴室的化妝檯椅，為早期船員常使用的背包，裡頭通常裝滿舶來品，與當地人以物易物來交換商品。另有復古風格的花杯、皂座、客家花布包，帶些懷舊時尚感。

豪華客房環境

茶水空間和零食櫃

## ✤ 住宿空間 - 英迪格超豪華房

此房間的設計特色為港口貨櫃和報關行；門房旁就是沙發休息小空間，報關行戳章牆面，搭配著偌大的高雄英文字樣，展現港都的迎賓感；床頭的港口貨櫃牆面上，任意堆疊的大小木箱，具有立體視覺效果和美式風格；房間電視牆面側，還可見很多格子的設計，概念來自高雄的趣味店鋪：格子趣，可放置各式趣味小物。此套房提供浴缸，可一邊泡澡，一邊觀覽高雄風景。

大片落地窗，擁有明亮景觀

房門旁的沙發休息區

會員入住，有時會收到酒店提供的驚喜小物

格子趣牆面和電視

超豪華房

英迪格豪華房客廳

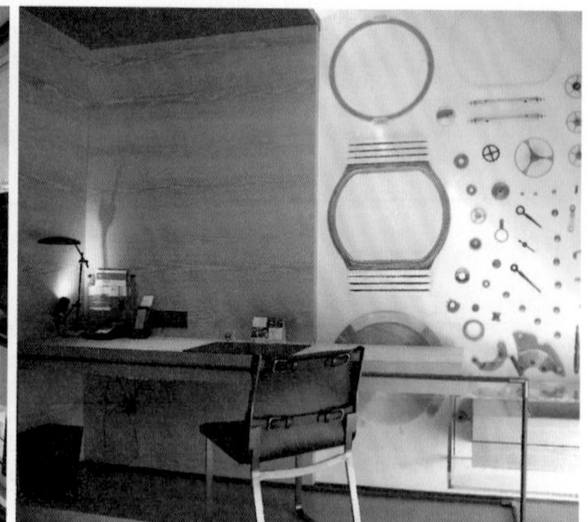

豪華房有獨立臥室空間，提供 180 度超大視野景觀

衛浴空間

### ✤ 住宿空間 - 英迪格豪華房

　　此套房為「高雄中央公園英迪格酒店」空間最大的房型，房間主題為高雄的古今演變，在室內設計上使用了大量的時間元素，所以在房內可見：手錶的零件圖、牆面錶帶的象徵、浴室裡的鐘錶數字磁磚和燈飾選用，都和時間息息相關。此房型擁有特大的客廳、辦公室、浴室、臥室……等獨立空間，房內遮光窗簾為先進的電動控制式，三面的景觀落地窗可眺望高雄風光，是尊爵式的頂級套房，也是各大明星來高雄常入住的房型。

## ❖ 咖啡廳

一樓的「Craft Cafe」咖啡廳，擁有明亮、舒適用餐環境，提供：義大利品牌 illy 咖啡、各式茶飲、創意蔬果冰沙、手作甜點、輕食等。

## ❖ 高空酒吧

「Pier No.1 高空酒吧」在「英迪格酒店」進駐高雄時，便引起了熱潮！高樓的夜間露天酒吧，能讓人邊品嘗美食美饌、邊享受高雄的絢爛夜景。若選擇傍晚入場，還能欣賞日落的餘暉，天色漸暗的天空擁有渲染漸層的色彩，美不勝收。「Pier No.1 高空酒吧」是高雄新興的時尚地標，到高雄務必來此享受獨特的餐飲和夜間景觀，完全不輸給曼谷的高空酒吧喔！但在這裡要宣導一下，未成年請勿飲酒，喝酒絕對不開車。

（左）雙果優格 /（右）每日精選蔬果冰沙 - 綠色浩克，擁有鮮豔色彩和香甜滋味

Craft Cafe 環境

每日手作甜點：起司肉桂捲，吃得到濃郁起司卡士達醬和肉桂香氣

美麗的夕照和夜景，吸引許多攝影玩家前往朝聖

創意式的在地小吃，是熱門餐點

威士忌麥芽珍奶，將臺灣在地珍珠奶茶和調酒結合，展現創意風味

長島烏龍，為長島冰茶結合在地茶葉的創意調飲，喝得到清新烏龍茶香

INFO

**Hotel Indigo 高雄中央公園英迪格酒店**

官網

**地址**：高雄市新興區中山一路 4 號

**電話**：07 272 1888、0080 186 3388

**營業時間**：全天

**店休日**：無

**交通資訊**：

1. 搭乘 12、52、69 號公車於捷運中央公園站下車後，步行 1 分鐘（約 57 公尺）。
2. 搭乘高雄紅線捷運到中央公園站，步行 1 分鐘（約 57 公尺）。

## 5 頭等艙飯店

### 高雄站前館，平價又便利

高雄平價旅店再一發。位於高雄火車站前方的「頭等艙飯店 - 站前館」讓你用平實的價格住得舒適又安心，加上地理位置佳、交通便利，深受旅客和商務人士的喜愛，更獲頒發了全世界旅遊評論分享平臺的「2018 Tripadvisor 卓越獎」，得到國際旅客的肯定和推薦。

獨具創意的接待櫃檯

## 交通便利，適合自由行旅客

「頭等艙飯店」為臺灣知名李方酒店管理集團的旗下品牌，全臺另有：「皇家季節酒店」、「太空艙旅店」、「英迪格酒店」與「李方艾美酒店」，各有其特色，可滿足不同住宿需求的旅客。而「頭等艙飯店」在全臺共有兩館：臺中綠園道館及高雄站前館，這次我介紹的「頭等艙飯店 - 高雄站前館」，全館共有 134 間房間，位置鄰近高雄火車站及高雄捷運站，步行 5 分鐘亦可到高雄客運站，非常方便，尤其適合自由行旅客。

### ✤ 有港都特色，也具國際旅遊元素

「頭等艙飯店」外有著飯店識別標誌：簡約流暢的流線圖騰，門邊則是飛機機艙造型的設計。「頭等艙飯店 - 高雄站前館」LOBBY 為沉穩的時尚風格，深色大理石磁磚搭配木質牆面，高貴中又帶些温暖氛圍。旅客服務櫃檯為一白色船型設計，櫃檯後方則是鏡面的世界地圖裝飾，充滿創意的獨創設計，融合了港都特色和國際旅遊元素。

飯店的櫃檯人員精通中文、英文、日文、韓文，接待各地賓客都能溝通無礙；其專業又温暖的笑容，提供遊客旅遊諮詢服務，讓你賓至如歸。值得一提的是，大廳旁的交際廳牆面裝飾了腳踏車和車輪，昏黃燈光照射下，帶著輕鬆悠閒氛圍；此處也有舒適的大型沙發座椅、免費無限供應的咖啡茶飲、各式書報雜誌，提供旅客一個臨時休憩的舒服環境；也備有公用電腦設備，提供上網或資料查詢服務，十分貼心。

飯店外觀

大廳的氛圍沉穩中帶點時尚

交際廳有舒適的沙發可躺

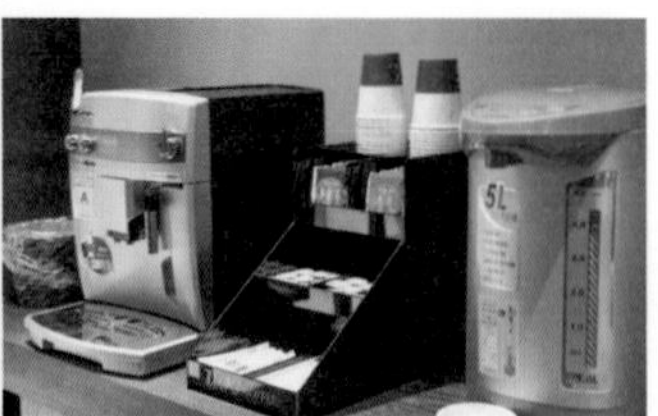
免費的咖啡茶飲可無限取用

「頭等艙飯店 - 高雄站前館」全館提供免費無線上網服務，住客也享有自助式早餐吧。客房的設計，融入了時間旅人的元素，多為低調簡約風格；床鋪柔軟舒適，讓你享受一晚舒適的睡眠。其房型有：無窗的標準客房和標準雙床房及精緻客房、豪華客房、豪華雙床房、四人家庭房，還貼心地規劃了無障礙設計房，提供特殊需求者入住使用。

### ✤ 精緻客房 Elite Double

「精緻客房」為一大雙人床、有窗房型，純白色系，給人一種乾淨簡潔的舒適感。純白床鋪後的牆面設計了鐘錶齒輪圖案，搭配工業風的照明燈，設計風格強烈。衛浴空間雖精緻，仍提供乾濕分離設置，基本的衛浴用品皆備，你可以什麼都不帶，直接來入住旅店。每間房都提供飲用礦泉水、咖啡包、茶包，可在早晨時輕鬆為自己泡杯咖啡。

### ✤ 豪華雙床房 Deluxe Twin

「豪華雙床房」為二單人床的房型，有窗設計，也是飯店的基本房型。床鋪背景為美麗夜景。室內設施提供：梳化辦公兩用桌，獨立出來的洗手檯空間，工業簡約風的衣櫃。

### ✤ 四人家庭房 Deluxe Family

「四人家庭房」為二雙人床的房型，整體空間更寬闊，開窗設計讓溫暖光線可傾瀉入室。工業風的床頭燈，恰巧在牆面時鐘的正中心，代表了指針的象徵。

豪華雙床房 Deluxe Twin

四人家庭房 Deluxe Family

自助式早餐，擁有豐富的菜色

每層電梯等候間牆面繪製了高雄市捷運及輕軌的路線地圖

INFO

## 頭等艙飯店（高雄站前館）

官網

**地址**：高雄市三民區建國三路 33 號
**電話**：07 285 3888
**營業時間**：全天
**店休日**：無
**交通資訊**：

1. 搭高雄客運 9117、9127、9188 號公車於建國站站下車，步行 1 分鐘（約 110 公尺）。
2. 搭乘 53、88、205、紅 25 號公車於高雄火車站（同愛街口）站下車後，步行 1 分鐘（約 5 公尺）。
3. 搭乘高雄紅線捷運到高雄車站（往建國路出口）即達。

# 書迷優惠

使用方式：

凡持此書《高雄好吃好玩 50 選》到以下店家或旅宿消費，即可獲得店家優惠。（優惠僅單次為限／以店家規定為準）

## 炭樵日式串燒居酒屋

優惠內容

**消費滿 1000 折 100 元、滿 2000 折 200 元**

優惠期限：2020.06.01 止

## 祥富水產－高雄店

優惠內容

**消費滿千元贈送干貝一盤**

優惠期限：2020.03.31 止

## 宇治・玩笑亭

優惠內容

**點任霜淇淋，贈送一款加料**

優惠期限：2020.06.01 止

## 菜市仔嬤左營汾陽餛飩

優惠內容

**持書贈送一碗富貴麵**

優惠期限：2020.06.01 止

## 康橋大飯店－高雄站前館

優惠內容

**持書於 2019.7 ～ 9 月住宿享 $300 的 VIP 住宿折扣優惠**

（限電話訂房）

## 卡啡那文化探索館

優惠內容

**經典法頌舒芙蕾 8 折優待**

優惠期限：2020.03.31 止

注意事項：本券不得適用於外送，不得與其他優惠同時併用

## 承億輕旅

**官網訂房全房型 85 折優惠，結帳時，請輸入專屬折扣碼【GOKH】**

優惠期限：2019.12.31 止

注意事項：1. 限官網訂房，不得與其他優惠專案並用。 2. 連續假日不適用

## 鈴鹿賽道樂園 Suzuka Circuit Park

**鈴鹿賽道樂園星光票買一送一暢遊券。（原價 399 元）**

優惠期限：2019.06.01~2019.10.31

注意事項：

1. 本券不分平假日皆可使用。國定假日 2019.09.13~09.15 與 10.10~10.13 恕不適用。
2. 持書於本樂園售票中心人工櫃臺可享星光票買一送一優惠。限於 17:00 後至閉園前 30 分鐘兌換，兌換時間以結帳時間為主。
3. 樂園暢遊券可暢玩全樂園設施不限制搭乘次數（不含小小騎士、迷你鈴鹿賽道、星際戰場）
4. 本公司保有活動變更及終止之權利；本券使用未盡事宜，悉依本公司規定辦理。

國家圖書館出版品預行編目資料

高雄好吃好玩50選 / 進食的巨鼠，緹雅瑪，台南好 Food 遊
文．攝影．-- 初版．-- 臺北市 : 華成圖書，2019.06
面 ; 公分．--（自主行系列 ; B6217）
ISBN 978-986-192-348-2(平裝)

1. 餐飲業 2. 旅遊 3. 高雄市

483.8 108005611

自主行系列 B6217

# 高雄好吃好玩50選

作　　者／進食的巨鼠・緹雅瑪・台南好Food遊

出版發行／華杏出版機構
華成圖書出版股份有限公司
華成官網 www.far-reaching.com.tw
11493台北市內湖區洲子街72號5樓（愛丁堡科技中心）
户　　名　華成圖書出版股份有限公司
郵政劃撥　19590886
華成信箱　huacheng@email.farseeing.com.tw
電　　話　02-27975050
傳　　真　02-87972007
華成創辦人　郭麗群
發 行 人　蕭聿雯
總 經 理　蕭紹宏
主　　編　王國華
特約編輯　李佳靜
特約美術設計　吳欣樺
美術設計　陳秋霞
印務主任　何麗英
法律顧問　蕭雄淋
華杏官網　www.farseeing.com.tw
華杏營業部　adm@email.farseeing.com.tw

定　　價／以封底定價為準
出版印刷／2019年6月初版1刷

總 經 銷／知己圖書股份有限公司
台中市工業區30路1號　電話 04-23595819　傳真 04-23597123

讀者線上回函
您的寶貴意見
華成好書養分